曲線の秘密

自然に潜む数学の真理

松下泰雄　著

ブルーバックス

カバー装幀／芦澤泰偉・児崎雅淑
カバーイラスト／matsu（マツモト ナオコ）
本文イラスト／松下江美子
本文デザイン／齋藤ひさの（STUDIO BEAT）
本文図版／朝日メディアインターナショナル

まえがき

曲線について、語ってみたいという気持ちが長いことありましたが、ここにようやく一つの形にすることができました。また、高等学校で微積分を学び始めた人たちへの贈り物として、ちょっとした副読本となるものを書きたいという気持ちも強くあって、温めていたものでもあります。曲線を題名に掲げてはいますが、曲線を広く解説するような読み物ではありません。自然界に溢れている曲線、生活のなかに多々ある曲線、芸術の世界に現れる曲線などありますが、数学や物理学において現れる、すなわち数理の目で見る曲線について見ていきます。

そのとき、やはり入り口は、曲線の基本である円ということになるでしょう。そして、円をちょっと変形すると楕円となります。この円から楕円にほんのちょっと踏み出すだけで、2000年に亘る宇宙論の変遷を語ることになります。ところで、円周は直径に円周率を掛けるだけで計算できますが、どんなに変形が小さくても楕円になったとたん、周長は簡単に計算することはできません。楕円積分というものに頼らなくてはならないのです。一方、代数学においてはよく知られているピタゴラスの定理は、円を使ってよく理解することができます。一方、ピタゴラスの定理を一般化した有名なフェルマーの最終定理の証明には、楕円曲線という曲線が登場します。ここでも円から楕円への踏みだしがありますね。

円と楕円の間に、いったいどんなことが潜んでいるんだろうなどと考えてみると、あまり知られていなかった面白いからくりが見えてきます。そんなことから、いろいろな曲線に拡げて考えてみるのではなく、円から楕円へとほんの一歩踏みだしただけの、その一歩の中にどれほどのからくりが詰まっているのかを一緒に覗いてみませんか。気が向いたら、ちょっと鉛筆を動かして確かめることができそうな、例題的な計算も交えてまとめてみた一書です。

円と楕円をキーワードに、数学、物理、天文に亘ってのトピックスをとりあげましたが、その全体の概観を第1章にまとめてみました。第2章は、各トピックスに入るまでのウォーミングアップという感じで、おさらいというか再確認の気持ちで、まずは円と円周率についてまとめてあります。第3章では、円を崇高な曲線として構築された古代の宇宙像の歴史の中から、円が基本という観念のままに、いかに太陽が中心にある宇宙像を見いだすことができたのかを振り返ってみましょう。第4章では、ケプラーに登場してもらって、どのようにして、またどんな苦労の末に、惑星軌道は円ではなく楕円を描くと結論づけることができたのかを考えます。第5章および6章の話はすっかり変わって、時計作りと等時性と曲線についてのことですが、こんなところに曲線の数学の発展の端緒があったのかと思われるお話です。最後の第7、8章は、代数学において最もよく知られたピタゴラスの定理は、円を使ってよく理解できるという話で、そのアイデアを踏襲した楕円曲線という曲線の研究から、ピタゴラスの定理の一般化とみなされるフェルマーの最終定理の証明が完結したという、代数学と曲線との深い関係を見ていただいたところで、本書の締めとしたいと思っています。

話題は、天文、等時性を持つ時計作り、曲線の周長問題、それに代数学におけるフェルマーの最終定理など多岐に亘っていますが、「円から楕円へ」というキーワードのガイドの下に、それらの根底に潜む数学を探ってみたといえるのではないでしょうか。

contents
曲線の秘密 ◆ もくじ

第7章 円とピタゴラスの定理 179

第8章 楕円曲線からフェルマーの最終定理へ 193

第1章

curves

曲線を見る、そして何を知る

曲線を見てみましょう。そして何が見えてくるでしょうか。日本人初のノーベル物理学賞（中間子論：1949年）に輝いた湯川秀樹博士は、著書※1において「自然は曲線を創り人間は直線を創る」と述べています。自然を知りたいと思うとき、宇宙を知ろうとするとき曲線が現れます。曲線そのものを探究したり、あるいは曲線を使って調べたりします。曲線を研究することが問題の本質に迫り、あるいは曲線を使うことによって物の姿が見えてくることもあります。自然の景色の中に現れる曲線、生活の中にあふれている曲線、あるいは芸術の世界の曲線なども千差万別ありますが、私たちは科学の世界に登場する曲線を考えてみたいと思います。それは数理の目を通して見る曲線のことですが、種々様々かつ多様に存在します。ですが、私たちは曲線の原点である円そして楕円に注目し、すなわち「円から楕円へ」の数理を探究してみましょう。

曲線は、まずは幾何学における図形、すなわち1次元の図形として捉えられるでしょう。実際、確かに幾何学の対象なのですが、紀元前3世紀頃のユークリッドの考えていた曲線はむしろ極めて限定的で、円のみを崇高なるものとして扱い、私たちが考える一般の曲線は思考の対象には入っていませんでした。むしろ哲学としてあり得るべき曲線という観点から、円に限定されていったとも考えられるのではないでしょうか。すなわち、点と線と円が幾何学だったのです。それは、アリストテレスの思想にも反映されて、それが宇宙像にまで及び宇宙は完全なる円によって幾何学に則って構成されていると考えられてきました。その「円が基本」という根本

 第1章の註►P.24

思想は、2世紀のプトレマイオスの宇宙像にも反映されて、1500年もの間の各時代の確固たる宇宙像となりました。さらには、現代の私たちの知っている太陽系のからくりを解明したコペルニクスの宇宙像においても、「円が基本」という観念はぬぐえていなかったのでした。

円を崇高なものとしてきた古代において、アポロニウスが円錐曲線を考えたことは特筆すべきことです。円錐を平面で切った切り口を見ると、円だけでなく楕円、放物線や双曲線も現れることを発見して深く研究をしました。もちろん時代とともにいろいろな曲線も知られるようになってきましたが、やはり円は特別な存在でした。宇宙論においては、15世紀のコペルニクスでさえも「円が基本」という考えはそのままに、17世紀になってケプラーの登場を迎えてようやく、惑星軌道が楕円であることが見えてきたのです。まさに「円から楕円へ」の踏みだしです。

16世紀から18世紀にかけては、特に現代に直接つながる数学の重要な芽が多々萌えだしてきました。それは突然起きたことというより、特にデカルトに代表されるような人々の貢献によって古代の幾何学と代数学とが融合できたことによるといえるのではないでしょうか。年代順に名をあげてみるとその様子がよく分かると思います。実際、16世紀後半から17世紀にかけて、まずガリレオが登場して、ケプラー、デカルト、さらにフェルマー、ホイヘンス、ニュートン、ライプニッツなど錚々《そうそう》たる巨人が現れてきました。18世紀に入ってからの、現代数学に直接のつながりをもつオイラーの登場は忘れてはいけません。この頃はもう微積分もかなり発展してきており、代数学において現在でもいくつかの未解決の難問を提供した時代となっていました。フェルマーの最終定理は、すでに1995年に解決されましたが、そのような現代にまで持ち越された典型的な難問の1つといえるでしょう。

このような歴史を網羅して語ることは到底できませんが、宇宙論において円を基本とする固定観念から楕円への脱却を見る一方で、代数学の世界でも、たとえばピタゴラスの定理を円によって理解することから、その一般化であるフェルマーの最終定理は楕円曲線を攻略することによって解決に至ったことを対比させてみて、いずれも「円から楕円へ」という言葉に集約される大きな流れがあったという点に注目してみたいと思います。

タイトルに「曲線」と掲げてはいるものの、本書では様々な曲線を広く眺めるのではなく、「円から楕円へ」をキーワードとして、円と楕円という一見とても狭いスペクトルの間に込められた数理の織りなす景色をみていくことにしましょう。

デカルト—幾何と代数を融合

デカルトは、1637年に著した『方法序説』および『幾何学』※2において、古代からの幾何学と代数学を融合させる大事業の端緒を切り拓き、座標の導入をしました。それで私たちが使っている直交座標を、デカルト座標と呼ぶようになりました。数式については、それまでは言葉でもって表されて

第1章の註►P.24

いました※3。現在私たちが使っている数学の記法の多くはデカルトのお陰なのです。例えば、線ABの長さaと線CDの長さbを加えるときは、$a+b$と書くこと、また引くときは$a-b$と書くこと、それに掛けるときはab、割るときは$\frac{a}{b}$と書いています。さらに、2乗はa^2、3乗はa^3と表します。a^2+b^2の平方根は$\sqrt{a^2+b^2}$で、現代の記号と全く同じで、立方根は、$a^3-b^3+ab^2$を例にとると$\sqrt{C.a^3-b^3+ab^2}$という記号を使っています※4。

古代のギリシャ以来、線の長さは線の長さ同士、面積は面積同士、さらに体積は体積同士しか和も差も考えられませんでした。17世紀にデカルトが登場するまでは、ある数aの2乗a^2とその3乗a^3の和も差も考えられないことでした。次元の異なる量の間の計算などできなかったのです。それを、単に線（線の長さ）と見なすことにするのです。そうしてa^2b^2-bのような計算もできるようになるのです。このような考えは、数直線の考え方となります。デカルトは、代数の計算を幾何を使ってもできることをいくつも例をあげて示しています。それによって、異なる道を歩んできた幾何学と代数学との融合を具体例をもって説いたのです。

著書『幾何学』には、3次方程式や4次方程式の解き方の記載まであります。ここでは、その様子を2つの簡単な例から見てみましょう。1つは平方根の計算（➡BOX 1）、もう1つは2次方程式の解を求める計算を幾何を使って解きます（➡BOX 2）。

デカルトの著書『幾何学』の中で、注目される記述があります。それは、17世紀の中頃になっても、曲線の周長を知ることが困難で、ほとんど不可能だったと考えられるような状況だったことを反映したものでした。それは、「我々人類は、直線と曲線との関係（同じ長さの直線、すなわち長さを知ること）を見いだすことはできないだろう」（『幾何学』第1巻）※5、と。

時計作りから見つかった等時性曲線、さらに曲線の長さへ

古代から正確な時計を作ることは極めて重要なことでした。日時計もあり、水時計などもありました。古代アラビアでは、振り子が時計の均等な時の刻みを与えてくれると考えていたという記録もあるようです。その振り子の揺れ方の等時性を発見したのは、16世紀のあのガリレオでした。それは、物理学の観点から、長さが決められた振り子の揺れの周期は、揺れ幅にも重りの重さにも関係なく同じであるという認識に至ったことを意味します。

その時代は、まさに大航海時代でした。多くの船が、新天地を求めてそれまで行ったことのない遠くまで航海に乗り出していきました。しかし、多くの船が遭難し犠牲になりました。船は、周りに陸地の見えない海だけの大洋にでてしまうと、昼は太陽、夜は星を観測することによって、現在地の緯度についてはある程度知ることができました。ところが、経度に関しては、港を出てから何日目であるとか、熟練航海士の経験と勘で風まかせの帆船の速度を推測して、いまどのあたりを航行しているかを想像するほかありませんでした。そ

 第1章の註▶P.24

のために、航海用の時計（クロノメーター）を作ることは、社会的要請として極めて高まっていました。航海のために船に乗せる時計ということからすれば、振り子時計ではなく、船の揺れにもびくともしない機械時計が待ち望まれました。船に乗せるかどうかにかかわらず、とにかく時計作りの熱は広く高まっていった時代でした。そのような中で、ガリレオ自身も、実験を重ねて時計の研究をさらに深めていきました※6。そして、揺れ幅が大きくなれば周期も大きくなることも知っていました。ガリレオの等時性は、揺れ幅が小さい場合に重りの重さに関係なく周期が一定であるという、近似的に成り立つ原理であることと認識されています。普通の振り子は、重りが円を描くことから円弧振り子と呼ぶこともできます。

17世紀に登場したのがホイヘンスでした。ホイヘンスは、円弧振り子が真の等時性を示さないことに注目しました。そして、動く重りの描く曲線に注目しました。彼が偉大だったことは、真の等時性を示す曲線とはどんなものか、実験を重ね、数学によってそのような重りの描く曲線はサイクロイドであることを発見したのです。彼がさらに偉いのは、重りがサイクロイドを描くようにするのにはどうしたらよいか、これまた実験を重ね、数学も駆使して、振り子の糸を同じサイクロイドのガイドにまとわりつかせればよいことに気がつきました。実際、真の等時性を示すサイクロイド振り子時計を作ったのです。

ホイヘンスの真の等時性を示す時計作りの執念は、さらに

第１章の註▶P.24

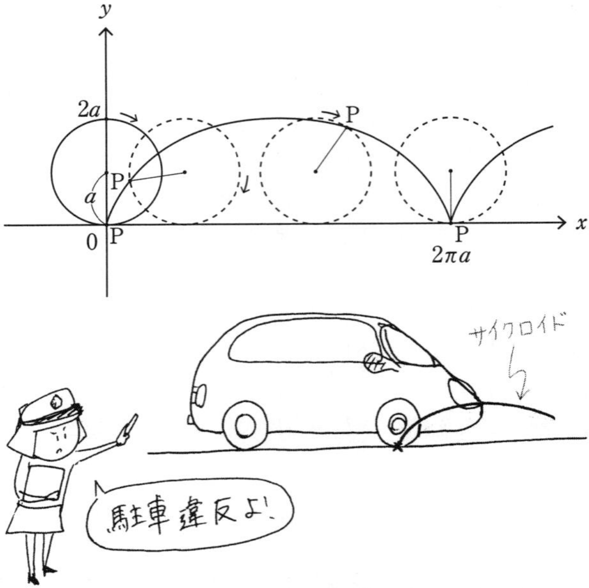

図1.1　サイクロイド曲線。半径aの円がx軸上を転がるとき、点Pが描く軌跡の曲線がサイクロイド（上図）。

円錐振り子時計の改良へと向けられました。そこでは、円錐振り子の重りは回転放物面上を動かなければならないことを発見し、そのようにするためには、半立方放物線というあまり聞き慣れない曲線に糸をまとわりつかせればよいことを、やはり実験と数学によって見いだしたのです。ホイヘンスが、さらにさらに偉いのは、それだけに留まらなかったことです。実は、サイクロイドとサイクロイド、それに放物線と半立方放物線から、2つの曲線の間に伸開線（インボリュート）と縮閉線（エボリュート）という関係があることに着目した曲線の新理論を創始かつ発展させたことです。簡単にいうと、糸巻き（縮閉線）とほどいた糸の先端が描く線（伸開線）のことをいいます。例えば図1.2のように、もしも糸巻きが円（縮閉線）ならば、その伸開線はまさにインボリュート（破線）なのです。

ここで、前に述べたように、17世紀になってさえも、曲線の長さを測ることは困難を極めていたことをデカルトの言葉からもみてきましたが、ホイヘンスの伸開線と縮閉線の理論、すなわちほどけた糸の軌跡曲線と糸巻きの形状曲線から、糸巻き曲線のある部分の長さは、その部分からほどけた糸の部分の長さと同じではないかということが分かってきました。この原理から、最初、クリストファー・レンによりサイクロイドの周長が分かって、当時の人々には大きな衝撃だったようです（第6章 レンの定理）。ここで面白いことは、ある曲線（縮閉線）の長さを知るためには、もう1つ助け船としての伸開線をつれてこないといけないことでした。さらに、いろいろな人たちによる縮閉線としての半立方放物線の長さの計算の報告も残されています。いま、私たちは微積分

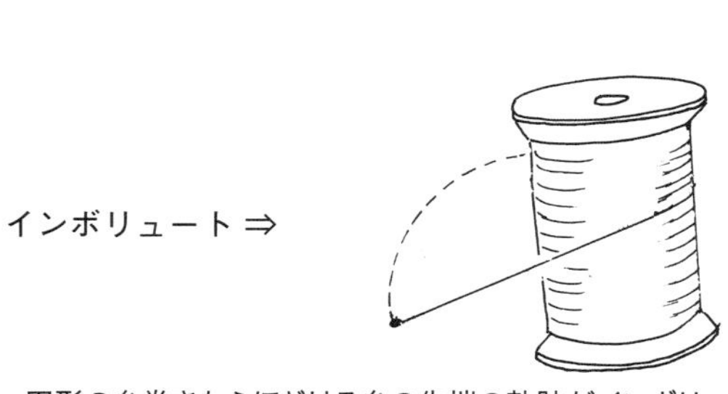

図1.2　円形の糸巻きからほどける糸の先端の軌跡がインボリュート。

を知っています。ある曲線の長さを知るには、曲線に沿っての積分を実行すればよいので、ほかの曲線など必要がないのです。このように、微積分以前に微積分で簡単にできるような事柄についても、1つ1つ歴史をもった努力の積み重ねがあって、少しずつ微積分の部品が揃っていって、最終的にニュートンとライプニッツの2人に代表される名前のもとに微積分が構築されたということになっていったと思います。

ここで重要なコメントを1つ述べておきましょう。半立方放物線は、厳密には楕円曲線ではありませんがそれに近い曲線と見なすことができます。すなわち、ガリレオの円弧振り子から、ホイヘンスの半立方放物線を使った真の等時性を示す円錐振り子への発展も、まさに「円から楕円へ」の踏みだしではないでしょうか。

アポロニウスの円錐曲線論

アポロニウスの名前はすでにでてきましたが、円錐曲線論についてもう少しだけ立ち入ってみましょう。円錐があって、その頂点を通らないように平面で円錐を切ると、その切り口に現れる曲線は、楕円（このとき円は楕円とみなします)、放物線または双曲線になることをアポロニウスは発見したのです。幾何学の業績として語られることが多いように思いますが、アポロニウスもやはり宇宙に思いを馳せながら円錐曲線に達したともいわれています。紀元前3世紀頃にこのように発見された楕円、放物線、双曲線は、そのすべてがニュートンの重力の逆2乗法則に基づく力学によって、太陽（中心力場）の周りを回る惑星の軌道、あるいは遠方から太陽に近づき太陽の重力の影響を受けて再び遠方に遠ざかる宇宙からの飛来物の軌跡の3態として起こりうることが分かっています。実にすごいことです。

アポロニウスは、円錐曲線論について8巻の著書を著したとされています。そのうちの最初の7巻は現存していますが、第8巻は9世紀には失われていました。その第8巻を、あの彗星の名として残されているエドモンド・ハレーが、復活させています※7。その背景として、17世紀の英国オックスフォード大学の幾何学および天文学の教授としては、アルキメデスの業績、ユークリッドの幾何学、プトレマイオスの著書『アルマゲスト』、それにアポロニウスの円錐曲線論を講義することが義務づけられていたといいます。ハレーには、それ以上にアポロニウスの円錐曲線論の重要さに魅せられた何かがあったのでしょう。現在、私たちは、楕円、放物線、双曲線を幾何学としての曲線として認識していますが、2変数で表される2次曲線として代数的にも理解しています。

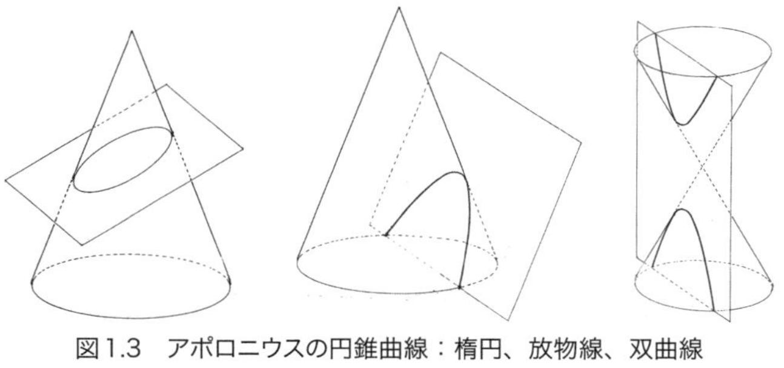

図1.3　アポロニウスの円錐曲線：楕円、放物線、双曲線

ものの変化を視覚化してくれる曲線

曲線の重要な役割として、ものの変化を表すことを忘れてはいけません。何らかの現象において、その中の何らかの値が、あるパラメータに対応してとる値の変化を視覚化したものが、まさに曲線となります。自然現象に関して何かの変化を見る場合、パラメータは時間とすることが多いと思います。その場合、時間変化を見るとか、時間発展を知るということになります。時間をパラメータとする量は千差万別ありますが、特に、力学について考えてみると、粒子の軌跡そのものが時間パラメータで表される曲線ということになります。いま述べたアポロニウスの円錐曲線の楕円、放物線、双曲線も宇宙空間を飛来する粒子の軌跡になりますが、時間パラメータで表されると座標が時間の関数となります。

力学において、時間パラメータで記述された座標だけでなく、速度あるいは運動量とも一緒に考えると位相空間という概念に至ります。この位相空間における曲線の振る舞いを調べることによって、様々な力学系の多様な振る舞いをさらにさらに深く研究できるようになります。ものの変化を見ようとするときは、曲線を使う、曲線に託してみることによって新たに見えてくるものがあるのです。

1つの変数が2次で、
もう1つの変数が3次式で表される曲線

さて、ここで1つの変数yが2次でもう1つの変数xが3次式で表される曲線のグループを考えましょう。すでに名前が

でていましたが、楕円曲線とは、そのなかでxの3次式が重根をもたない曲線であるとされています。そのグループの中で、重根をもつ場合も、とても重要なものを表している曲線があります。これを式で書いてみましょう。2つありますが、共にxの3次方程式が3重根をもつ曲線です。1つは$x=0$が3重根の場合と、もう1つは0でない点$x=b$が3重根となる場合です。重根をもたない楕円曲線も3番目に書いておきました。

1. $y^2 = ax^3$（$x = 0$が3重根の場合）
   ⇒ケプラーの第3法則が例となります。

2. $y^2 = a(x-b)^3$または$y=\sqrt{a}(x-b)^{\frac{3}{2}}$　（$x = b \neq 0$が3重根の場合）
   ⇒半立方放物線、ホイヘンスの円錐振り子時計に使われます。

3. $y^2 = a(x-b)(x-c)(x-d)$（b, c, dはすべて異なり重根をもたない）
   ⇒楕円曲線、フェルマーの最終定理の証明にも現れます。

この第1の曲線は、yの2乗がxの3乗に比例するといってもよいでしょう。それは、まさしくケプラーの第3法則で、惑星の公転周期の2乗が公転半径の3乗に比例することを表す曲線にあてはまるといえます。また、第2の曲線は、yについて解けば、$y=\sqrt{a}(x-b)^{\frac{3}{2}}$となって、まさに半立方放物線を表します。この曲線は、ホイヘンスの真の等時性を示す円錐振り子において、振り子の糸がまとわりつく曲線（縮閉線）に他なりません。このように、1つの変数が2次でもう1つの変数が3次式で表される曲線として、xの方程式が重根をもつ場合も、もたない場合の楕円曲線も同じ仲間だとしてまとめて捉え直すことによって、数学および宇宙を含む物理の枠を越えてつながる新たなからくりを見たような気がしませんか。

円と楕円は、2変数が共に2次式の曲線で係数が等しければ円、ちょっとでも異なれば楕円になります。そして、楕円から楕円曲線は、1つの変数は2次のままでもう1つの変数が3次式になったものです。本書は、円から楕円、そして楕円曲線を含む1つの変数が3次式となる曲線までを含めて「円から楕円へ」のキーワードのもとでまとめて見た一書です。

楕円、楕円曲線、楕円積分および楕円関数について少しだけ

これまで楕円と楕円曲線がでてきましたが、「楕円」の名が付くものがさらに2つ、楕円積分と楕円関数があります。これらの関係について少しだけ見ておきましょう。楕円は、アポロニウスの円錐曲線の1つとして現れますが、式としてはxとyの両方とも2次の方程式 $\frac{x^2}{a^2}+\frac{y^2}{b^2}=1$ として表されます。それに対して、楕円曲線とは1つの変数yは2次で、もう1つの変数xは3次または4次の方程式で表される曲線のこ

とをいいます。実は、xが4次の曲線は、xとyに適当な変数変換をすることによって、1つの変数は2次で他方は3次の式にすることができます。特に楕円曲線とは、xの3次方程式が重根をもたないときをいいます。このような楕円曲線は、第8章のフェルマーの定理の攻略のところで登場します。

曲線としては異なるものですが、楕円と楕円曲線との間の関係は、楕円の周長を計算するところからつながりが見えてきます。曲線の周長を求めることが困難だったことを述べましたが、円からちょっと変形した楕円でさえもその周長計算は難しいものでした。でも、とりあえず積分を使って書き表すことはできます。しかしそれはその積分を実際に計算して、知られている関数として表すことができるということを意味するものではありません。楕円の周長を表すこの積分は、楕円積分と呼ばれるようになりました。その他、正弦関数（$\sin x$）の弧長や、ガリレオの円弧振り子の振れ幅が任意の大きさに対しての周期も、この楕円積分で表されること

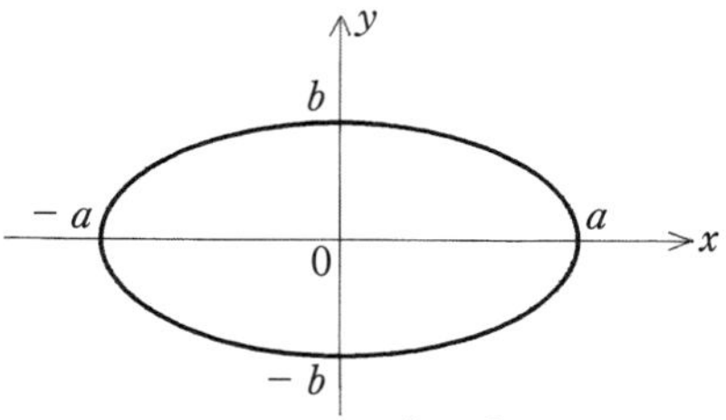

図1.4　楕円 $\frac{x^2}{a^2}+\frac{y^2}{b^2}=1$

が分かってきました。この楕円積分は、第5章および第6章で登場します。これはほんの一例ですが、いろいろなところに楕円積分およびその仲間の積分が現れることが分かってきました。さらに、そのような仲間の積分を、すべて楕円積分と呼ぶようになりました。そうして、簡単に言ってしまうと、楕円積分は、上で述べた楕円曲線を含む関数の積分として表されるのです。楕円積分は3種類に分類され、それぞれの類のなかでそれぞれ1つの形に表すことができることが示されて、それらはルジャンドル－ヤコビの標準形と呼ばれています。

さて、楕円関数とは何かというと、楕円積分の逆関数として定義されるもので、特にヤコビの楕円関数が有名です。このような、楕円曲線、楕円積分および楕円関数の詳細については、第6章の参考文献等を参照してください。

第1章の註

(P10)
1.『極微の世界』(岩波書店、1942年)および『本の中の世界』(岩波新書、1963年)。

(P12)
2.『屈折光学』『気象学』『幾何学』の3編の著述の序文に相当する部分がいわゆる『方法序説』といわれています。

(P13)
3. ケプラーの原著における第3法則の記述(本書P103)および第4章末のBOXを参照してください。

（P13）

4. Cは立方を表すcubeの頭文字です。これ以後、少しずつ記号の変遷をへて、$\sqrt[3]{a^3 - b^3 + ab^2}$ となりました。

（P14）

5. いくつかの英訳がありますが、それらから著者が意訳したものです。（英文の1つは例えば、S. G. Gindikin, *Tales of Physicists and Mathematicians*, p.86："We, human beings, cannot find the relation between lines and curves."）

（P15）

6. フィレンツェのメディチ家のベッキオ宮殿（現在は市庁舎）の大きな単針時計はガリレオの設計によるものです（第5章 図5.5）。

（P19）

7. M. N. Fried, *Edmond Halley's Reconstruction of the Lost Book of Apollonius's Conics*, Springer 2011.

BOX 1

デカルトの幾何（図形）による代数の計算—平方根

デカルトは著書『幾何学』（1637年）において、幾何学と代数学とを結びつけるという大事業の基礎を構築しました。その考え方の入り口だけでも覗いてみることにしましょう。

aの平方根$\sqrt{a}$を求める問題（『幾何学』第1巻より）

1. 長さがaの線分ABを引きます。

2. さらに長さ1のACを延長します。

3. 長さ$a+1$の直径BCの半円を描きます。

4. Aから垂線を引き、半円との交点をDとします。

5. すると、ADの長さが$\sqrt{a}$となります。

直角三角形AODの$AO=\frac{1}{2}(a-1)$，$OD=\frac{1}{2}(a+1)$（半径）であることからピタゴラスの定理より$AD=\sqrt{a}$が分かります。

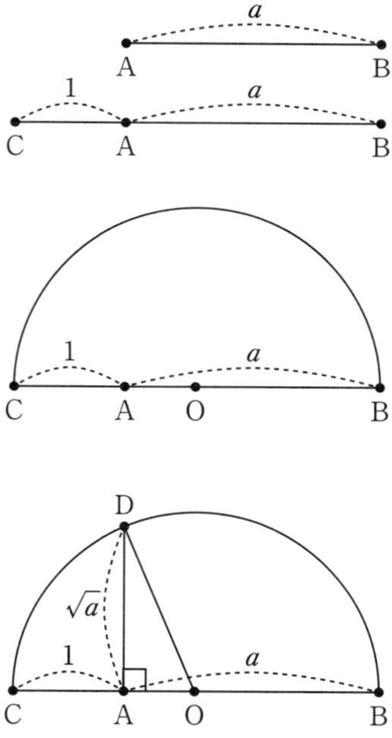

図1.5　デカルトによる代数計算
$\sqrt{a}$ を幾何（図形）を使って解く方法

BOX 2

デカルトの幾何（図形）による代数の計算—2次方程式

2次方程式$y^2 = ay + b^2$の解法（『幾何学』第1巻より）

1. 定数b^2の平方根bの長さの線分ABを引きます。

2. Aから垂直に、yの1次の項の係数aの2分の1の長さ$\frac{a}{2}$の線分AOを引きます。

3. Oを中心として、半径$\frac{a}{2}$の円を描きます。

4. Bと円の中心Oを通る線を引いて、円と交わる点の遠い方をCとします。

5. ピタゴラスの定理から$\mathrm{OB} = \sqrt{\frac{a^2}{4} + b^2}$となります。

6. 2つの解はOC ± OBで与えられます。

$$\mathrm{OC} \pm \mathrm{OB} = \frac{a}{2} \pm \sqrt{\frac{a^2}{4} + b^2}$$

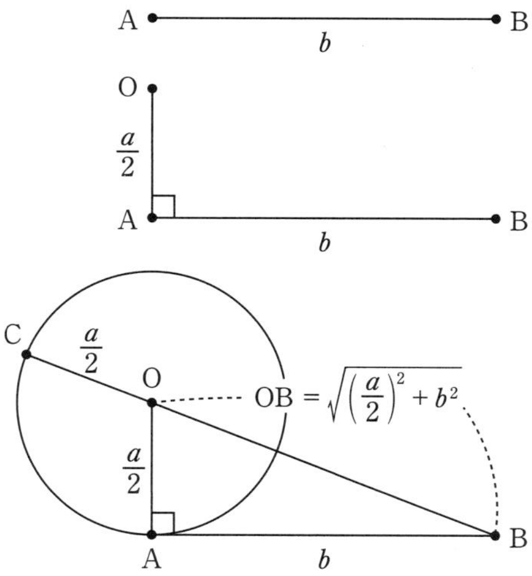

図1.6　デカルトによる2次方程式（代数）を幾何（図形）を使って解く方法

第 2 章

curves

円と円周率

曲線の代表の円と円周率から見ていくことにしましょう。円周率は、円周と直径の比で約3.14という値だと言われたり、その値として使われることが多いような気がします。実際は無理数で、小数点以下が無限に続きます。円周率をギリシャ文字のπで表すようになったのは18世紀からです。円周率は、紀元前2000年頃には知られていたというより、すでに使われていました。円周率の歴史はこのようにとても古くて、長い時代に亘って多くの人たちが、円周率の不思議に魅せられてきましたし、数学のあらゆる場面で現れてくるとても深遠な数です。

2.1　円と円周率—数値追究から数学へ

エジプト人やバビロニア人も使っていた円周率

紀元前2000年頃には、エジプト人は円周率を$\dfrac{256}{81}=3.160\cdots$として使っていたという記録があります。やはり紀元前2000年頃、バビロニアでは円周率を$3\dfrac{1}{8}=3.125$としていたともいいます。

ところで、直径$2r$の円の円周と、外接する正方形の4辺の長さ$8r$を比較すると円周の方が短く、その円に内接する正六角形の周の長さ$6r$と円周を比較すると、円周の方が長くなります（図2.1）。

$$6r<\text{円周}<8r \quad \Rightarrow \quad 3<\frac{\text{円周}}{2r}<4$$

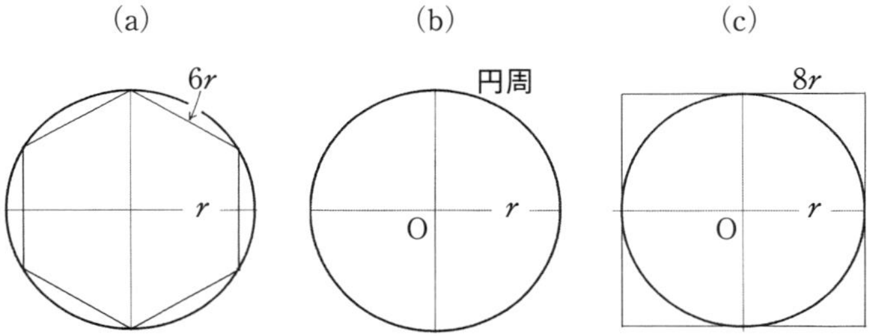

図2.1　(a) 円と内接する正六角形の周長は$6r$
(b) 直径が$2r$の円　(c) 1辺が$2r$の正方形の周長は$8r$

このように円周率は3よりも大きく、4より小さいことが分かります。

すると次に、3よりも大きく4よりも小さい円周率という数をもっと知りたくなってくるのは自然なことでしょう。では、いったいどれだけ3よりも大きく、どれだけ4より小さいのでしょうか。全てはこの問いから始まります。

古代の円周率

冒頭のエジプトやバビロニアなどの古代の円周率は、測量のためなど実生活において使われるために確定した数値が必要だったのでしょう。中国では紀元前1500年頃に円周率が3という記録があります。また紀元前550年頃の記録として『旧約聖書』には、神殿にあった円形の大きな洗盤※1の直径が10キュビット（約5メートル）で周囲が30キュビット（約15メートル）だという記述があります（列王記第1、7.23）。ここから円周率が約3であると読み取ることもできるかもしれませんが、「円周率」という意識があっての記述とは思われません。このように古代の文明において、円周率を

第2章の註▶P.41

表す数値のことが書かれていますが、現代の数学的な観点と同じような観点をわずかでももっていたということではないでしょう。図面を描くときや、土地の測量をするときなど経験から得られた必要な数値として円周率を知っていて、使っていたということだったと思います。

古代の長さの単位—キュビット

人体の部位を基準にしたものを身体尺といいます。1キュビットは人の肘から中指の先端までの長さをもとにした身体尺の単位の1つです。古代から長さの単位として知られているものですが、17世紀のガリレオの著書『天文対話』(1632年)の訳本(岩波文庫)にキュビットの訳として「腕尺」という言葉が見られます。

右ページの図2.3は、トルコのイスタンブール考古学博物館所蔵の長さの単位1キュビットの標準原器の一例です。紀元前15世紀頃の古代メソポタミアのニップル遺跡から出土したものとされています。青銅製で長さが517mmあります。寺院に保管されていて、ニップルにおける「尺」の原器として使われたとの説明がありました。

桁数競争時代の始まり—アルキメデス

円に内接する正六角形の周長と、円に外接する正方形の周長を考えると、円周の長さはこの間にあることが分かり、円周率は4よりも小さな数で押さえられます。さらに、正六角形を正八角形に置き換えたほうが、より円周に近い範囲の値を得られることが分かります。そのようにして、正n角形を考えて、角数nを大きくしていくと、円周率の値の下と上か

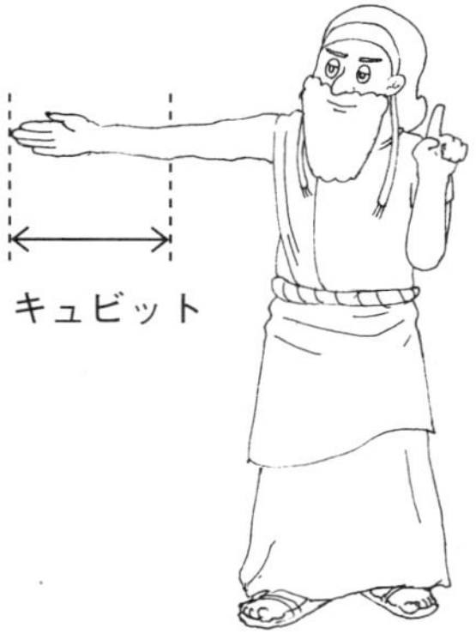

図2.2　1キュビットは人の肘から中指の先端までの長さをもとにした単位で、国や時代によっても違いがありますが、約45cm～60cmくらいまでの様々な長さがあります。

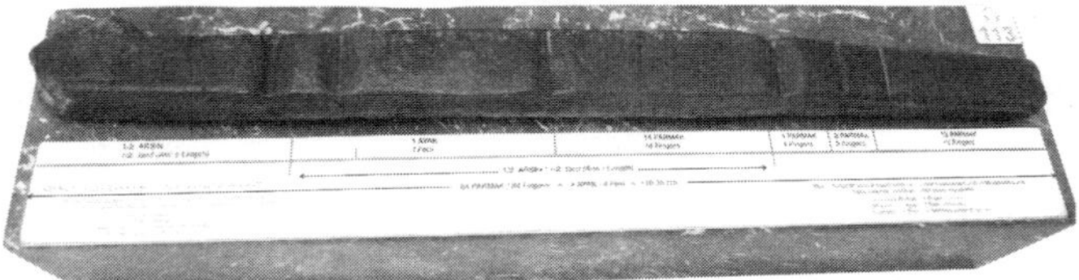

図2.3　イスタンブール考古学博物館蔵の1キュビット（517mm）の青銅製標準原器。展示の説明文には、年代は「15th Cent BC」と書かれていました（2013年著者撮影）。

ら押さえた不等式の精度が上がっていきます。このように、不等式によって円周率の値を評価したのが、アルキメデス（紀元前287頃－紀元前212）でした。アルキメデスは、なんと正96角形を使ったといいます。その結果、

$$3+\frac{10}{71} < \text{円周率} < 3+\frac{1}{7}$$

$$(\approx 3.1408\cdots) \qquad (\approx 3.1428\cdots)$$

という不等式で円周率の値を評価しました。すなわち、小数点以下2桁まで確定できたのです。このアルキメデス先生の教えが、私たちが学校で習ってきた「円周率は3.14」の発端となったといえなくもないのではないでしょうか※2。

そうして、円周率の桁数競争の時代に入っていくことになります。3世紀の中国の魏《ぎ》の劉《りゅう》徽《き》は、3.1416を得ていたと言われています。フィボナッチ（1180-1250）は3.1418、円周率の計算に一生を捧げたルドルフ・ファン・ケーレン（1540-1610）というオランダ人数学者は35桁まで得ていて、その数値は墓碑にも刻まれています。円周率は「ルドルフの数」（die Ludolphsche Zahl）とも言われます。さらにニュートン（1642-1727）は、16桁まで円周率を計算していました。とにかく、数学の数式によって裏付けられた円周率の値の桁数競争に参加していった人々は、プロ、アマ問わず、趣味としての参加者もあまた現れて、彼らはときに円測屋といわれることもありました。

和算による円周率

和算による円周率についても述べておかなければなりません。和算の関孝和《せきたかかず》（1642-1708）や建《たけ》部《べ》賢弘《かたひろ》（1664-1739）の取った方法は、数列を使う方法に基づきますが、画期的だったのは、数列の収束を早める加速法を編み出して、桁数を増やしたことでした。関孝和は、10桁程度まで円周率を求めたとされていますが、実際は16桁まで求めることができていたということが分かっています。建部賢弘もさらに改良して加速法を使って、41桁まで求めていました。このような加速法は、計算機を使えるようになった現代、様々な数値計

 第2章の註►P.41

算においても、いかに速く望みの解に達するかという、より効率のよいプログラムを作るという観点と同じであったと考えられます。

計算機の登場—桁数と計算時間競争へ

計算機が使えるようになってからは、桁数は急速に伸びていきました。1946年から1947年にかけて電動式計算機で800桁に達しました。

その後は電子計算機の時代に入っていきます。電子計算機の登場からは、円周率の桁数競争に加えて、計算時間競争の時代に入ったとも言えるでしょう。さらには、計算機そのものの性能評価にも使われるようになりました。その円周率計算競争の流れからは、「趣味」としての円周率計算愛好家はほとんど排除されてしまいました。ところが、「趣味」としての記憶力競争というものはかなり盛んで、何桁まで覚えているかというかつてとは違った意味での桁数競争はしっかりと生き残っているようです。1949年に電子計算機ENIACによって2037桁達成（70時間）したのを皮切りに、1958年に1万桁（1時間40分）、1961年に10万桁、1973年に100万桁（約23時間）を超えるまでになってきました。

電子計算機による円周率—日本の貢献など

特に、1980年代に入ってからは、東京大学の金田康正教授らによる桁数の挑戦が始まり、1981年には200万桁を超えてきました。1982年のうちに1000万桁、1987年には1億桁、1989年には10億桁（74時間30分）、1997年に515億3960桁（29時間3分）という輝かしい記録を塗り替えて世界をリードして、さらに2002年には1兆桁に達しました。もちろん、その他の多くの人々やチームも挑んできた競争の中での快挙でした。

最近の情報では、13.3兆桁まで達したという報告があります。このような電子計算機による円周率の桁数競争と計算時間競争自体は、現在ではさほどニュースにならなくなってきています。というのも、円周率に関しては電子計算機の性能が向上すれば、それなりの結果がでるだろうということで、新たなデータを見せられてもあまり驚かなくなってきたのです。

このように円周率の桁数競争や電子計算機による計算時間競争は、それなりの数式に基づいて行われてきました。円周率に収束していく数列を使うものや、円周率を表す無限級数を使うものなどがあります。その事始めは、円を正多角形で近似していくという図形から導かれた数式からでした。それが、徐々に、円という図形から離れていき、円周率を表す数式に移行して、円周率は幾何から解析や代数へと拡がっていったのです。

2.2 数学として捉えられた円周率

円周率の記号 π

これまでの円周率の数値に関する話では、あえて「円周率」と言葉で表してきました。ところで円周率を表す π は、英国人のウィリアム・ジョーンズ（1675-1749）が著書の中で使った記号だといいます。英語では「周囲」、「円周」のことをperipheryといいますが、それに対応するギリシャ語が$\pi\varepsilon\rho\iota\phi\acute{\varepsilon}\rho\varepsilon\iota\alpha$なので、その頭文字の$\pi$を使ったようです。しかしながら、円周率の記号としてのπの普及は、オイラー（1707-1783）の膨大な著作に負うところが大きいとされています。

さて、このように円周率の記号πのいわれを知り、πが使われ出したのは18世紀からであることを知ったうえで、本節からはπを使うことにします。

円周率πを表す歴史的公式

円周率πに関係する様々な計算式が考えられてきましたが、1996年の公式までも含めていくつかを選んで章末のBOX 3にまとめてみました。

この中の2つの公式に注目しましょう。その1つは、15世紀から17世紀にかけて発見された**マーダヴァ－グレゴリー－ライプニッツの公式**

$$\frac{\pi}{4}=1-\frac{1}{3}+\frac{1}{5}-\frac{1}{7}+\frac{1}{9}-\frac{1}{11}+\cdots \tag{2.1}$$

です（➡BOX 3の1）。有理数からなる無限級数の値が無理数の円周率πで表されているのです。17世紀後半、ドイツのライプニッツ（1646-1716）と英国のグレゴリー（1638-1675）は、ほぼ同じ頃にこの公式を発見しました。2人のうちどちらが先にこの式を見つけたかという論争も起きたといいます。ところが、驚くべきことに14-15世紀のインドのマーダヴァ（1340頃-1425頃）が、すでにこの公式を発見したという記録があって、発見者第1号論争は決着しました。

もう1つの注目すべきは、**オイラーの公式**

$$\frac{\pi^2}{6} = 1 + \frac{1}{2^2} + \frac{1}{3^2} + \frac{1}{4^2} + \frac{1}{5^2} + \frac{1}{6^2} + \cdots \qquad (2.2)$$

です（➡BOX 3の6）。これは、有理数からなる無限級数の値が円周率πの2乗で表されています。

リーマン予想のゼータ関数の発端となった オイラーの公式

オイラー（1707-1783）による公式（2.2）は、さらに新しい数学、しかも今も未解決で最大の難問と言われ多くの数学者を悩まし続けている**リーマン予想**の発端となるゼータ関数$\zeta(s)$のルーツとなったものです。ゼータ関数は次のように定義されます。

$$\zeta(s) = 1 + \frac{1}{2^s} + \frac{1}{3^s} + \frac{1}{4^s} + \frac{1}{5^s} + \frac{1}{6^s} + \cdots$$

このゼータ関数$\zeta(s)$で$s=2$とおくと、次のようにオイラーの公式（2.2）となります。

$$\boxed{\zeta(2) = \frac{\pi^2}{6}}$$

ディリクレのL関数の発端となった公式（2.1）

ゼータ関数の発見から、それに類する関数もいろいろ考えられるようになってきました。そのような関数の1つが、ディリクレのL関数で次のように表されます。

$$L(s)=1-\frac{1}{3^s}+\frac{1}{5^s}-\frac{1}{7^s}+\frac{1}{9^s}-\frac{1}{11^s}+\cdots$$

このL関数で$s=1$とおくと、次のようにマーダヴァ－グレゴリー－ライプニッツの公式（2.1）となります。

$$\boxed{L(1)=\frac{\pi}{4}}$$

このように、円周率πに関するオイラーの公式やマーダヴァ－グレゴリー－ライプニッツの公式が、リーマン予想にまでつながる新しい数学の始まりを象徴するゼータ関数の発見の端緒となったことを見たところで、曲線に関する本書の第2章はここまでとしておきましょう。

第2章の註

（P33）
1. 祭司が手足を洗うために使われたといいます。

（P36）
2. 平成10年告示・平成14年度施行の小学校学習指導要領が発表されて、「手計算では円周率は3」ということが大きな問題となったことがありました。学習指導要領には、「円周率としては3.14を用いるが、目的に応じて3を用いて処理できるよう配慮するものとする」と記載されています。

BOX 3

円周率πの歴史的な公式いろいろ*

1. マーダヴァ－グレゴリー－ライプニッツの公式（1450頃-1671）

$$\frac{\pi}{4}=1-\frac{1}{3}+\frac{1}{5}-\frac{1}{7}+\frac{1}{9}-\frac{1}{11}+\cdots$$

2. ヴィエトの公式（1579）

$$\frac{\pi}{2}=\cfrac{1}{\sqrt{\frac{1}{2}}\cdot\sqrt{\frac{1}{2}+\frac{1}{2}\sqrt{\frac{1}{2}}}\cdot\sqrt{\frac{1}{2}+\frac{1}{2}\sqrt{\frac{1}{2}+\frac{1}{2}\sqrt{\frac{1}{2}}}}\cdot\sqrt{\frac{1}{2}+\frac{1}{2}\sqrt{\frac{1}{2}+\frac{1}{2}\sqrt{\frac{1}{2}+\frac{1}{2}\sqrt{\frac{1}{2}}}}}\cdots}$$

3. ウォリスの公式（1650）

$$\frac{\pi}{2}=\frac{2\cdot2\cdot4\cdot4\cdot6\cdot6\cdot8\cdot8\cdots}{1\cdot3\cdot3\cdot5\cdot5\cdot7\cdot7\cdot9\cdot9\cdots}$$

4. ブロウンカーの公式（1650）

$$\pi=\cfrac{4}{1+\cfrac{1}{2+\cfrac{9}{2+\cfrac{25}{2+\cdots}}}}$$

5. ニュートンの公式（1666）

$$\pi=\frac{3\sqrt{3}}{4}+24\left(\frac{2}{3\cdot2^3}-\frac{1}{5\cdot2^5}-\frac{1}{28\cdot2^7}-\frac{1}{72\cdot2^9}-\cdots\right)$$

6. オイラーの公式（1748）

$$\frac{\pi^2}{6}=1+\frac{1}{2^2}+\frac{1}{3^2}+\frac{1}{4^2}+\frac{1}{5^2}+\frac{1}{6^2}+\cdots$$

7. ラマヌジャンの公式（1914）

$$\frac{1}{\pi}=\sum_{n=0}^{\infty}\binom{2n}{n}^3\frac{42n+5}{2^{12n+4}} \qquad \text{ただし}\binom{2n}{n}={}_{2n}C_n$$

$$\frac{1}{\pi}=\frac{\sqrt{8}}{9801}\sum_{n=0}^{\infty}\frac{(4n)!}{(n!)^4}\frac{[1103+26390n]}{396^{4n}}$$

8. デイビッド・チュドノフスキー－グレゴリー・チュドノフスキーの公式（1989）

$$\frac{1}{\pi}=12\sum_{n=0}^{\infty}(-1)^n\frac{(6n)!}{(n!)^3(3n)!}\frac{13591409+n545140134}{(640320^3)^{n+\frac{1}{2}}}$$

9. ベイリー－ボーウェイン－プラウフの公式（1996）

$$\pi=\sum_{n=0}^{\infty}\frac{1}{16^n}\left(\frac{4}{8n+1}-\frac{2}{8n+4}-\frac{1}{8n+5}-\frac{1}{8n+6}\right)$$

註＊
P. Borwein, "*The Amazing Number π*", The Pacific Institute for the Mathematical Sciences, Winter 2001, Vol. 5 Issue 1, 18-25 を参照。

第 3 章

curves

太陽系—円が基本、
地球も惑星の1つ

—プトレマイオスからコペルニクスへ—

科学史において、宇宙のからくりについてはプトレマイオスの天動説かコペルニクスの地動説かという論争が大きく取り上げられることが多いのですが、地動説であれ天動説であれ、どちらにおいても天体の運行は円を基本とする軌道を描くという認識が根強くありました。本章では、たいした観測機器もない時代にコペルニクスが、主としてプトレマイオスのデータ、その他の文献や天文表を読み解くことによって辿り着いた太陽を中心とする宇宙像、それはまさに地動説ですが、それと同時にいかに惑星間相対距離を知るに至ったかに焦点をあててみたいと思います。惑星間の相対距離を見いだしたのはコペルニクスでした。惑星間相対距離はケプラーの第3法則（第4章4.7節のテーマ）を使って知ることができると説く文献が多く見受けられますが、ケプラーは、コペルニクスの得た惑星間相対距離に基づいて第3法則を構築したのです。天体の運行は、とにかく円が基本であるという観念の中で、いかにして太陽中心の宇宙像と惑星間相対距離までも解明できたのかという、紀元前から15-16世紀のコペルニクスまでの物語です※1。

3.1　古代の宇宙像—円を基本とする考えの歴史

ケプラー（1571-1630）が、「太陽系の惑星の軌道は円ではなく楕円である（ケプラーの第1法則〔第4章4.6節〕）」と説

 第３章の註►P.76

くまでは、天体はすべてが円を基本として構成される軌道上を運行するという観念にとらわれていました。ではいったい、いつ頃から円が基本と考えられてきたのでしょうか。それはピタゴラスの宇宙像からです。

ピタゴラスの宇宙像

ピタゴラス（紀元前580頃-紀元前500頃）は、宇宙の根源は「数」にあると説いたとされています。特に、10という数は特別な意味をもっていました。点は1、線は2、面は3、立体は4、和をとると1＋2＋3＋4＝10となり、すべてを包含する聖なる数であり全能でもあるとされていました。したがって、ピタゴラスの宇宙は、中心の火※2の周りに次の10個の要素から成り立っていると考えられたのでした。

1. 太陽、2. 地球、3. 対地星（反地球）※3、4. 月、
5. 〜9. その他5個の惑星、10. 恒星の天球

この宇宙では、宇宙の要素は中心の火の周りの完璧な円上を周回していると考えます。それは、ピタゴラス自身が説いたのかもしれませんが、むしろピタゴラス学派としての説ということだったのでしょう。ここに、円を基本とする宇宙像が創られて、その後2000年以上に亘って、17世紀のケプラーの登場に至るまで人々の宇宙像の観念の根底に円が定着していくことになったと考えられます。ピタゴラスの宇宙像を考えるときに、さらに重要な点は、幾何学的な宇宙モデルが考えられていることです。宇宙を幾何学によってモデル化して捉えるという端緒がここにあるといえるでしょう。それ

第３章の註►P.76

は、20世紀になってアインシュタインが、微分幾何学によって定式化された相対論を提唱したことにまでつながっているとか、さらには現代の物理学において宇宙は幾何学なしでは語れないということにもつながっているというのは言い過ぎでしょうか。ピタゴラスの名前は、第7章のピタゴラスの定理において再び登場します。

アリスタルコスの太陽中心説と地球太陽間距離

アリスタルコス（紀元前310頃-紀元前230頃）は、宇宙の中心には太陽があって、地球が回っていると考えました。そして、太陽-地球-月の位置関係を理解していたことによって、地球の影によって起きる月の食の大きさから、地球と太陽の間の距離は、地球と月の間の距離の20倍くらいであること、さらに太陽の大きさも月の大きさの20倍くらいであることを計算によって得ていました（実際は400倍くらい)。アリスタルコスの太陽中心説は、しかしながら、地球が回っているのなら物体が真下に落ちるはずがないとか、強い風も起きないではないか等々の議論によって否定されてしまいました。一方、この頃には、地球が丸いことは広く知られていて、エラトステネス（紀元前276-紀元前194頃）は、シエネとその北に位置するアレキサンドリアの間の距離を測り、その2地点における太陽光の入射角の違いを7度程と測定することによって地球の周長が約40000kmであることを知っていました。

このように、紀元前3世紀において、太陽-地球-月に関する知識は、正確でなかったとしても数値データとして捉えられていたことに驚かされます。

アリストテレスの宇宙像

アリストテレス（紀元前384-紀元前322）は、物体の自然な動きとは3態あって、直線を描く、あるいは静止、そして円運動があると考えました。天体は、地上の物より、高貴でありかつ完璧であるから、自然な動きとして円を描くのであると考えました。しかも、そのような高貴で完璧な物体は、完全な球体であると考えました。このような基本的な思想のもとに、アリストテレスの宇宙は、中心に地球が置かれ、その周りを、すべて円運動をしている月、太陽、それに星々によって囲まれているというものでした。ちょっと考えると不思議なことですが、地上のものは高貴でもなく完璧でもないと考えていたアリストテレスなのですが、完全な円を描いて運行する高貴で完璧な天の星々が、中心の地球の周りに配されている宇宙像を高貴で完璧なものと考えたのでしょうか？アリストテレスの宇宙像では、1つ重要な観点があります。宇宙は完璧であるが故に、変化することはない、すなわち宇宙は完全なる定常状態を保っていると考えていたことです。

ところで、宇宙のモデルを創ることの意義は、天体の運行を予測することができるようになるという点にあります。例えば火星の1年後の位置を知るなどの、天体の運行をできるだけ正確に予測できるようなモデルとするために、アリストテレスはなんと55個もの球面からなる宇宙像を考えました。天体の運行の予測は、宗教行事を行うためにも、また農業のためにも極めて重要なことでした。アリストテレスの宇宙像は、円を基本とするという点ではピタゴラスの宇宙像と同じでしたが、それはアリストテレス自身の自然観の哲学に立脚したものでした。

アリストテレスの不変な宇宙像は、1572年11月に新星が現れたことによって1900年も経て、その真偽が議論されはじめたのです。その新星は1年4ヵ月後の1574年3月には見えなくなってしまいました。ティコ・ブラーエ（1546-1601）は観測によって、新星は月までの距離の少なくとも6倍以上の遠方にあると確信しました。このような事実が、少しずつでてきて古代の宇宙論からの脱皮へとつながっていきました。ティコ・ブラーエには、さらに次章でちゃんと登場してもらうことにしましょう。

3.2　プトレマイオスの宇宙像

周転円モデル

地球を中心とする円（従円という）とその円を周回する小さな円（周転円という）の組み合わせによって、惑星の運行を記述しようと考えたのは、第1章で登場したアポロニウスあるいは紀元前2世紀のヒッパルコスともいわれています。すなわち、周転円モデルです。最も単純な惑星の運行は、従円の上に1つの周転円で記述できる場合です（図3.1上）。さらに複雑な惑星の運行には、周転円をさらに付け加えていくのです（図3.1下）。このようにして、逆行なども起きる惑星の複雑な運行はかなり正確に記述できるようになりました。

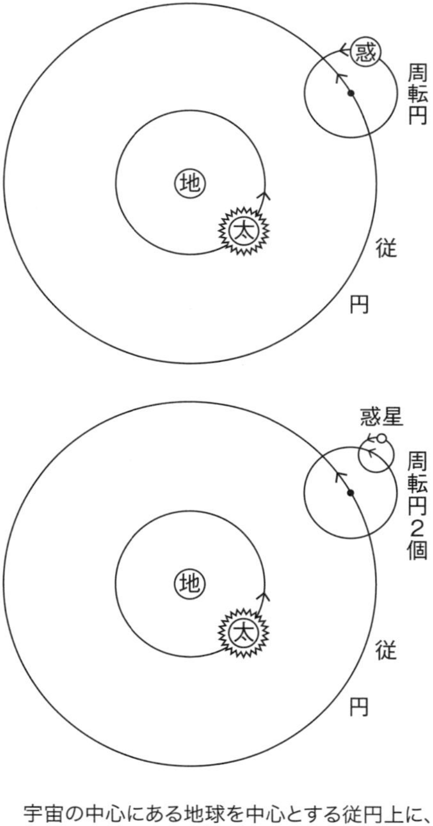

図3.1　宇宙の中心にある地球を中心とする従円上に、周転円の中心があります。周転円は従円上を回り、惑星は周転円上を回ります。それぞれの速さを調整すれば、惑星の逆行など複雑な動きをかなり説明することができました。周転円上の惑星が従円の内側に入ったときに逆行が起こります。さらに複雑な動きを説明するためには、周転円を複数個使うこともあります（下図）。

従円の半径に対する周転円の半径の比が、逆行区間の大きさに合わせて決められます。したがって、その半径の比は、惑星ごとに決められる重要な値となります。

この周転円の図で、注意しなければならないことがあります。それは、天球上に描かれる惑星の運行軌道を説明するため、すなわち地球から惑星への視線方向だけをあらわすものなので、地球から惑星までの距離を周転円モデルの図からイメージしてはいけません。周転円モデルで、従円上を動く周転円の速度と、周転円上を動く惑星の速度を調整することによって複雑な逆行がかなり説明できたのです。

プトレマイオスの離心円

プトレマイオス（100頃-170頃）は、地球が宇宙の中心に存在するというアリストテレスの宇宙像を継承し、周転円モデルを駆使して観測に忠実な宇宙像を構築した人でした。プトレマイオスは、著書『アルマゲスト（*Almagest*）』※4において、詳細な宇宙像を語っています。

それは、周転円モデルが基本形なのですが、惑星の逆行が起こるとすれば、全く同じ逆行しか現れません。特に、火星の逆行の軌跡や長さはとても複雑で、それを説明しようと、プトレマイオスは、地球を従円の中心から少しずらした位置にあるとしました。それを離心円といいます。さらに、地球から見て従円の中心の向こう側の等距離にある点を「エカント」と称して、周転円はエカントに対して等速で回転をするというものでした。このように、惑星の運行を説明するために、様々な工夫を試みていました。エカントという仮想的な

 第3章の註►P.76

点を導入して、地球から見た惑星の運行速度は遠日点では遅くなり、近日点では速くなることを説明できるようになったのです。

プトレマイオスの惑星の配列と距離

プトレマイオスの宇宙像では、周転円による惑星の運行が大きなポイントなのですが、いろいろな人たちの観測から、月までの距離、太陽までの距離、地球の大きさなどは、その時代なりの理解ができてはいましたが、それまでの先人の天文学者たちから伝えられてきた惑星の配列の順序を踏襲して、さらには（正しくはありませんでしたが）距離の値まで与えていました。そのときの長さの単位は、地球の半径を1とするものでした。

では、どのようにして惑星までの距離を推測して計算することができたのでしょうか。

それは、図3.1の周転円モデルで従円と周転円の半径の比が決まれば、地球から最も遠い遠地点と最も近い近地点までの距離の比が決まることに注目します。それを、その当時知られていた、地球と月に適用して、月までの遠地点までの比が決まります。距離の単位として地球の半径を1とすれば、月までの遠地点は64となります（ちなみに近地点は33です）。これで、月までの最も遠い距離が分かったので、次に、金星の近地点までの距離を月の遠地点までの距離64と設定します。すると、金星の周転円モデルから、金星の遠地点までの距離が決まります。このような計算を繰り返して、土星の近地点と遠地点までの距離の比を決定していくのです。各惑星について、近地点と遠地点との距離の平均をとって、プトレマイオスは次のような、太陽と月も含む惑星間の相対平均距離の比を与えています※5。

地球からの距離→	月	水星	金星	太陽	火星	木星	土星
地球半径＝1	33	64	166	1160	1260	8820	14187

プトレマイオスの宇宙像

プトレマイオスは、地球を中心とするアリストテレスの宇宙像を引き継ぎましたが、太陽と月および各惑星間の配置の相対距離を周転円モデルを使って計算することができました。そうしてできた宇宙像が、次の図3.2です。これは、16世紀の宇宙画家アピアヌス（1495-1552）の著書『宇宙誌の書（コスモグラフィア）』に収録されているプトレマイオスの宇宙像を描いた有名な絵です。中心に地球、それから順に、月、水星、金星、そして太陽、その外側に火星、木星、土星という順序で配列されています。最外殻は恒星がちりばめられた天球から構成されています。

3.3　コペルニクス登場

コペルニクス（1473-1543）は、1500年もの間の各時代に亘って信じられていたというより、疑う余地のないプトレマイオスの地球中心の宇宙像から脱却し、太陽中心の宇宙像を提唱し、そのバトンがケプラーへと渡され、さらにそのバトンがニュートンへとつながれて、現代の私たちが学んでいる科学へとつながる扉を開けた人でした。

 第3章の註►P.76

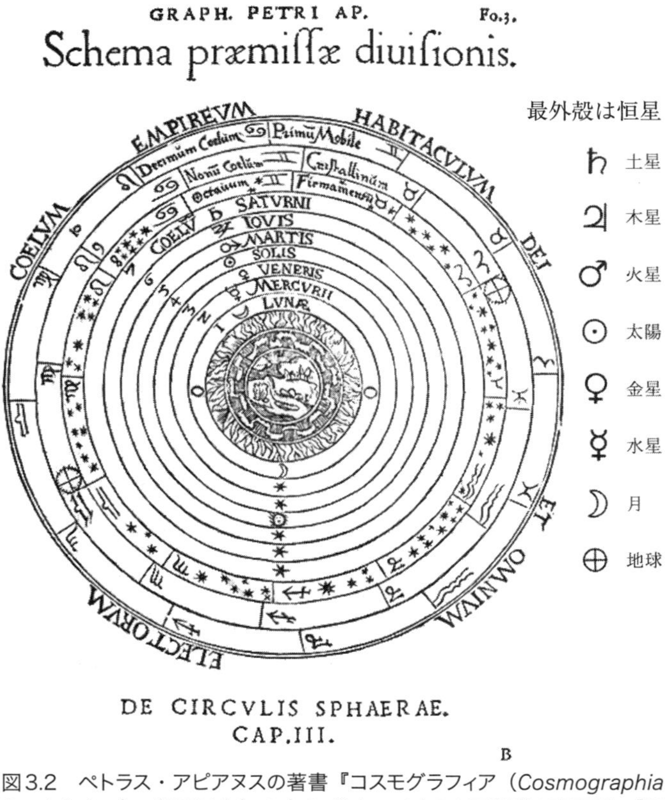

図3.2　ペトラス・アピアヌスの著書『コスモグラフィア（*Cosmographia Petri Apiani*）』（1524年）の中のプトレマイオスの天動説の宇宙図。［出典　ETH-Bibliothek Zürich, e-rara. ch, Signature: Rar 4304］

さて、多くの科学史の文献において、地球中心説から太陽中心説へ転換したという点、すなわち天動説ではなく地動説を唱えた点に光が当てられてきましたが、ここでは、コペルニクスが、プトレマイオスの著書『アルマゲスト』および『アルマゲストの要約本』を丹念に研究し、吟味し、より自然だと思われる方向に思索を重ねていった結果辿り着いた太陽中心説であること、それと同時進行で解明されたことですが、あまり光が当てられてこなかった惑星間相対距離を決定できたことに焦点を当ててみたいと思います。繰り返しになりますが、ときどき惑星間相対距離はケプラーの第3法則から導きだされるという解説を目にすることがありますが、ケプラーの第3法則は、コペルニクスの惑星間相対距離の礎石の上に構築された法則なのです（次章参照）。

コペルニクスの宇宙像

コペルニクスが、主としてプトレマイオスのデータ、その他の文献や天文表を読み解くことによって辿り着いた太陽を中心とする宇宙像、それはまさに地動説ですが、それと同時にいかに惑星間相対距離を知るに至ったかを辿っていくことにしましょう。

次の図3.3は、コペルニクスの宇宙像で、彼の著書『天体の回転について』（コペルニクスが亡くなった1543年に出版された）において提唱された有名な地動説に基づくものです。宇宙の中心に太陽（Sol）があって、それから順に水星、金星、そして月（三日月で表示）を伴っている地球（Telluris）があり、さらに火星、木星、土星があります。その外側の恒星がちりばめられた天球は、プトレマイオスの描

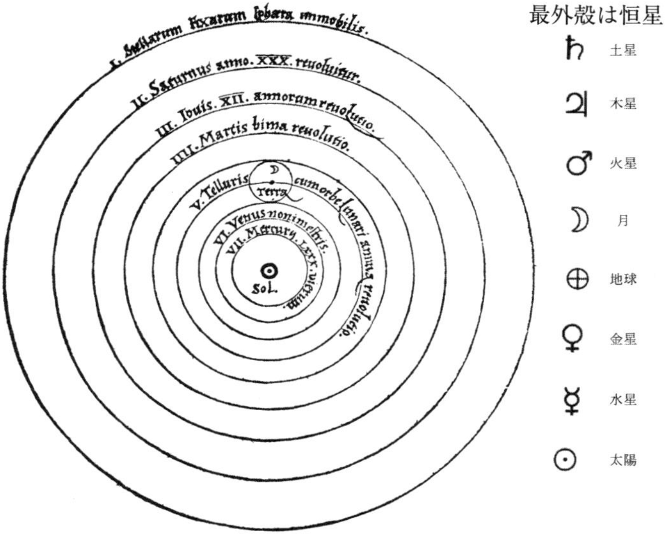

図3.3　コペルニクス著『天体の回転について』（1543年初版本）、第1部、第10の地動説の宇宙像。特に、土星（Saturnus）にローマ数字のXXX、木星（Iouis）にXIIとあるのは、公転周期がそれぞれ30年と12年であることを表しています。[金沢工業大学ライブラリーセンター所蔵]

像とおなじです。

ときどき、地動説は古代ギリシャのアリスタルコス（紀元前310頃-紀元前230頃）がすでに唱えていた宇宙像で、コペルニクスが復活させたという議論を聞くことがあります。アリスタルコスが唱えたのは、基本的に宇宙の中心は太陽であるという太陽中心説で、太陽-地球-月の位置関係までは解明していましたが、惑星の運行についてまで含めた宇宙像であったとはいえないでしょう。

まずプトレマイオスの周転円の基本配置から

宇宙モデルの目的は、極端にいえば結局のところ惑星の視線方向、すなわち天球面の位置を決定するためだったといえます。それは過去の軌跡の記録に基づき、将来の惑星の位置を予測できることが重要でした。ところで、1500年もの間定着していたプトレマイオスの宇宙モデルでは、6年ごとに修正を施さなくてはなりませんでした。プトレマイオスは、離心円やエカントなどを導入して様々な修正モデルを考えましたが、ここでは、コペルニクスの考えたことに焦点を当てようと思いますので、周転円の基本配置から考えていくことにします。

コペルニクスは、過去の宇宙モデルや天文表を丹念に調べました。その中で、レギオモンタヌス（1436-1476。ドイツ、ケーニヒスベルク生まれ※6）の著書『プトレマイオスの偉大なる「アルマゲスト」のヨハネス・レギオモンタヌスによる要約』（1496年）を出版直後に入手して、大いに参考にして研究をしたといわれています。その『アルマゲストの要約本』には、レギオモンタヌス自身の注釈も書き込まれていました。できるだけ要点を押さえて、なぜコペルニクスが地球中心説から太陽中心説をより自然だと思うようになったか、それと同時に惑星間相対距離を導くことができたのかについて辿っていくことにしましょう。周転円モデルにおいて、惑星の視線方向を決める（予想する）ためには、次の図3.4、周転円モデルにおける惑星の視線方向を決定するための配置が基本となります。

 第3章の註►P.76

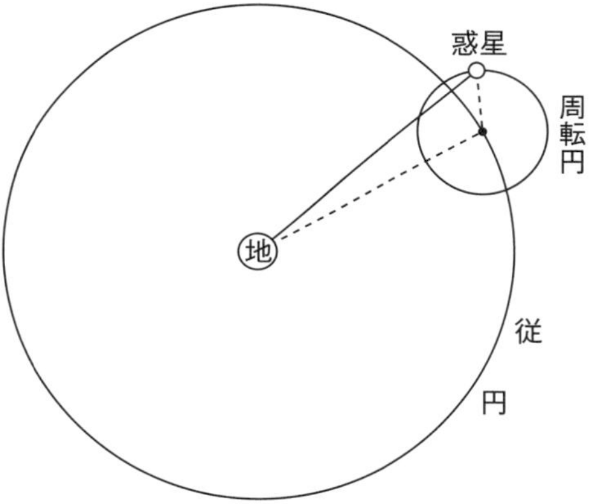

図3.4　周転円モデルにおける地球から惑星への視線方向（実線）を決定するための基本的な配置。

地球から惑星への実線が視線方向となります。それを決めるためには、従円上の周転円の中心を知る必要があります。すなわち、視線方向の実線を一辺として2本の破線（従円の半径と周転円の半径）から成る三角形を知る必要があります。このモデルでは、従円と周転円の大きさの比率が最も重要となります。従円より周転円のほうが小さいのですが、従円と比べて周転円が比較的大きいと、惑星の逆行区間を大きくすることができるモデルとなっています。

レギオモンタヌスの試み

周転円モデルの基本（図3.4）では、特に外惑星に対しては、［地球］→［周転円の中心］→［惑星］をつなぐ破線で表された三角形の2辺を知ることによって、［地球］→［惑星］への視線方向が決定できることになります。そのための

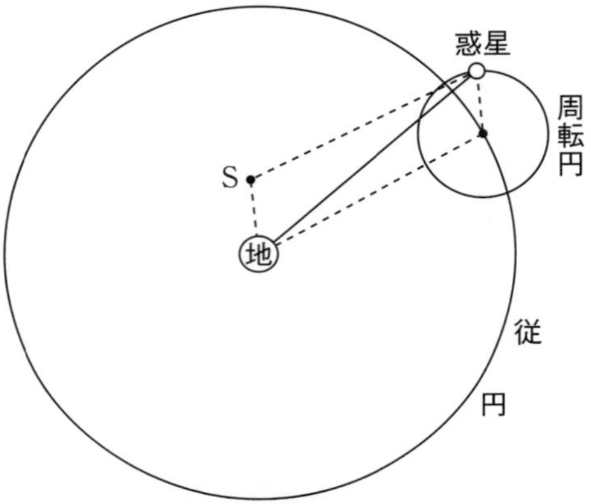

図3.5　周転円モデルにおいて、レギオモンタヌスは、［周転円の中心］→［惑星］への破線を、平行移動して地球のところに持ってきて、平行四辺形を作ってみました。しかし、視線方向を決めるための計算は決して楽になることはありませんでした。

試みとして、レギオモンタヌスは、［周転円の中心］→［惑星］への破線を、平行移動して地球のところに持ってきました。それで、地球近くに生じた惑星の位置に対応する点をSとします。すると、［地球］→［周転円の中心］の破線は、S→［惑星］に移動します。すなわち、元の三角形から平行四辺形を作ったのです。周転円モデルでは、［地球］→S→［惑星］の三角形を用いても、［地球］→［惑星］への視線方向を決定できると考えたわけです。

実は、平行四辺形を作ってみたところで、この試みは実質的に何も改善されませんでした。すなわち、計算が楽になるということもなかったのです。ところが、そこでコペルニクスは気がついたのです。

3.4　コペルニクスのひらめき

コペルニクスのひらめき

ステップ1

レギオモンタヌスの点Sを追加した周転円モデルで、1つの惑星が移動したときの様子を図3.6で示してみました。惑星が、惑星1の位置から地球を中心として公転しながら周転

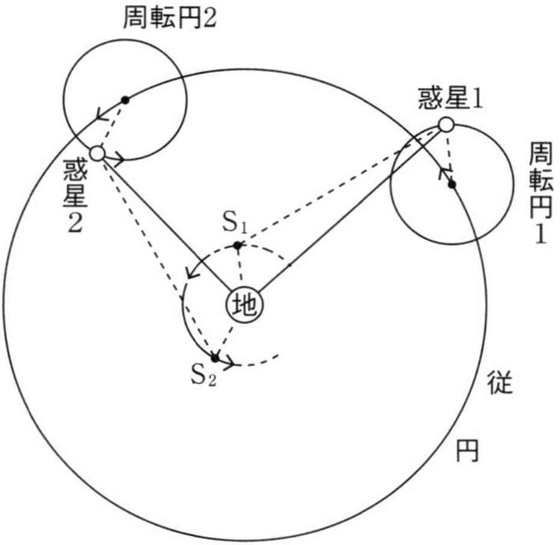

図3.6　惑星が周転円上を、かつ周転円が従円上を移動したときの2つの配置を1枚に書き込んでみた図です。最初の位置を表すのに「惑星1」、「S_1」として、ある程度時間が経過してからの位置を表すのに「惑星2」、「S_2」としました。すると、地球を中心とする円として、周転円が再現されているではありませんか。

円に沿っても回り、惑星2の位置に至るまでの様子を描いています。惑星2の位置では、逆行が起き始めています。コペルニクスは、ここで重要なことに気がつきました。［地球］→［S_1］の方向、および惑星2では［地球］→［S_2］の方向は、つねに地球から太陽の方向を向いていることに気がついたのでした。惑星は太陽も回っているではありませんか。まだまだ、この段階では、惑星は、地球と太陽の両方を回っているということになっています。太陽も地球を回っていることは、地球中心説なのでこの段階では当たり前のことなのですが、その太陽の描く円も周転円と同じ大きさの円となっています。

ステップ2

さらにコペルニクスは、［地球］→［S_1］と［地球］→［S_2］は、同じ距離だし、［S_1］も［S_2］も同じ太陽なので、図面の上で［S_1］と［S_2］を太陽の位置としての1点［S］に一致させてみました（図3.7）。惑星が太陽を回っていることは前の図で分かるのですが、なんと地球も太陽の周りを回っているではありませんか。そして、惑星は、このモデルにおいては、太陽と地球の両方の周りを回ることになります。この図面上で、太陽の周りを回る地球の描く軌道も周転円と同じ大きさの円となっています。さらに注意する点は、もともと固定されていた従円が、惑星の運行と共に、刻々と移動していくことになりました。それは、太陽を中心とする周転円上を地球が動き、その地球を中心とする従円が地球の運行と共に移動していくと考えられたのです。

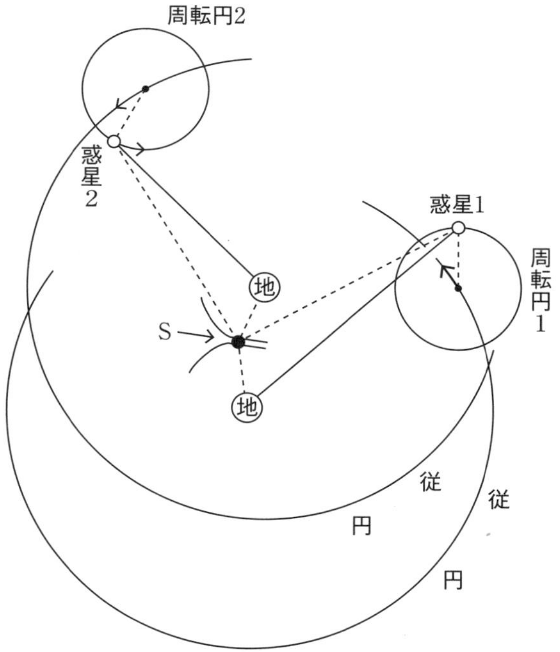

図3.7　周転円モデル（図3.6）において、惑星の2つの位置における太陽の位置［S_1］と［S_2］を、太陽の位置としての1点［S］に一致させてみました。すると、太陽を中心とする周転円と同じ大きさの円に沿って地球が太陽の周りを回ることになります。惑星は、太陽と地球の両方の周りを回ります。

従円と周転円の大きさの比率
―プトレマイオスのデータから

プトレマイオスの著書『アルマゲスト』には、観測から得た従円と周転円の大きさの比率が与えられています。プトレ

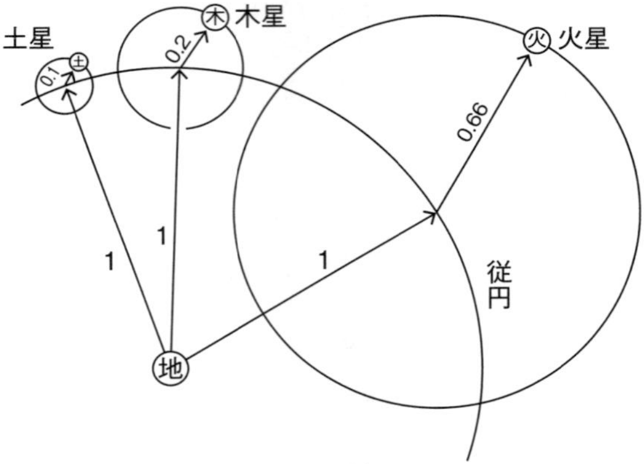

図3.8　プトレマイオスが観測によって得た、従円の半径を1としたときの火星、木星、土星の周転円半径の比率。それぞれ、0.66、0.2、0.1。

マイオスの周転円モデルでは、従円の大きさをすべての惑星に対して共通の同じ大きさとして、周転円の大きさが与えられています。特に、外惑星の火星、木星および土星については、従円の半径を1として、図3.8のようになります。

従円の半径を共通の1とするとき

火星の周転円半径	木星の周転円半径	土星の周転円半径
0.66	0.2	0.1

3.5 コペルニクスの次の一手 ─惑星間相対距離の決定

プトレマイオスは、周転円モデルに基づいて、独自の惑星間の相互距離を推定していましたが（P54）、コペルニクスもこの問題に一歩踏み出しました。前節のステップ2で、周転円モデルにおいて、各惑星ごとに、周転円の半径と［地球］→［S］、すなわち地球と太陽間距離が一致していることを見ました。したがって、コペルニクスは、火星、木星、土星の周転円の半径の比率が0.66、0.2、0.1となっているのを（図3.8）、すべて同じ長さの1に統一してみたのです。すると、惑星ごとの従円の半径が変わります。

周転円の半径を共通の1とするとき

火星の従円半径	木星の従円半径	土星の従円半径
1.5	5.0	10.0※7

この従円の半径の比率には、2つの解釈があります。1つはもともとの地球中心説による地球と従円上の周転円の中心までの距離とする場合、それと同じ長さである太陽［S］と惑星までの距離とする場合があります。このような従円の半径の比率は、後者の太陽［S］と惑星までの距離とする場合として、次ページの図3.9のように描かれます。

図3.9には地球を描いてはいませんが、この段階ではまだ地球中心説のままです。外惑星はすべて、地球の周りを回っていると考えられているのですが、太陽の周りも回っているということがより明確に見えてきたということです。

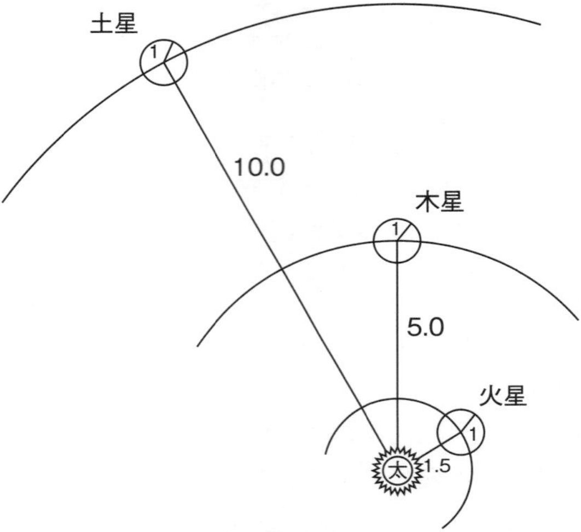

図3.9　周転円の半径を1に統一したときの、火星、木星、土星の従円半径の比率。それぞれ、1.5、5.0、10.0。これは、太陽から各惑星への距離の比率を表すものとなっていました。図では、すでに太陽を中心に描いていますが、この長さの比は、地球を中心としたそれぞれの惑星の従円の半径の比率でもあります。

3.6　地球は金星と火星の間にあり —中心は太陽

コペルニクスは、地球は動かず宇宙の中心にあると思いつつも、図3.6と図3.7から、相対的に太陽の周りを回っているとみることもできるので、そうすると、地球は、5惑星（水星、金星、火星、木星それと土星）の配列においてどこに置かれるべきかを考えました。コペルニクスは、すでに分かっている公転周期の大きさの順に並べてみることにしました。

水星	金星	火星	木星	土星
0.24年	0.6年	1.9年	12年	30年※8

↑
地球
1年

地球の公転周期の1年（約365日）を単位として比較すると次のようになります。

これは公転周期で並べた順番ですが、特に外惑星の3つはまさに太陽からの距離によって並べた順番と一致しているではありませんか。そして、地球は自然に、金星と火星の間に位置していると言えるでしょう。

水星と金星（内惑星）の従円と周転円

地球が金星と火星の間にあることと、水星は周期の短さにより金星よりも内側にあることから、水星と金星は地球を周回しない惑星であるということになります。すなわち、内惑星です。では、内惑星の水星と金星の従円と周転円を見てみましょう。内惑星の2つは、太陽に極めて近いので、太陽の周りを回りますが、地球の周りは回りません。

水星の従円に対する周転円半径比は0.4で、そのまま太陽-水星距離の比となります。同様に、金星の従円に対する周転円半径比は0.7でそのまま太陽-金星距離の比となります。

ここで、プトレマイオスの宇宙像図3.2をもう一度見てください。太陽は、金星と火星の間にあります。コペルニクスは、そこは地球が惑星として存在するべき位置であると確信するに至ったのです。太陽に、そこを地球に明け渡してくだ

第３章の註▶P.76

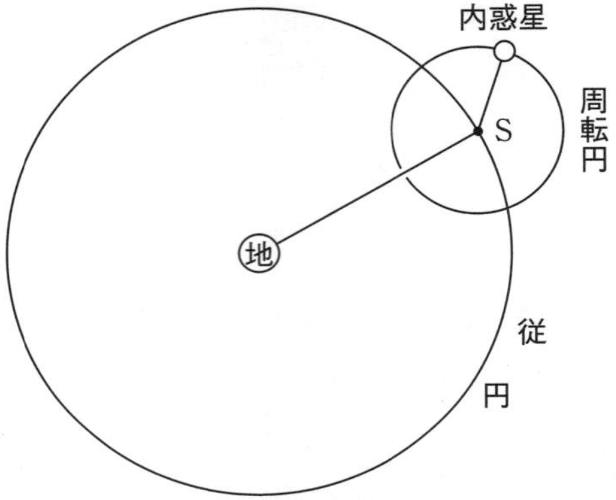

図3.10　内惑星の従円と周転円の配置。内惑星は、地球を回りませんが、太陽を回ります。すると、従円上の周転円の中心Sが太陽ということになります。

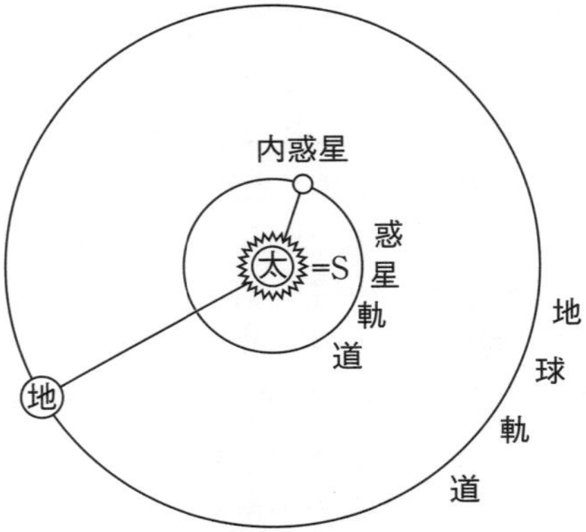

図3.11　図3.10の従円上の点Sは太陽であり、それを中心にもってきた図に書き換えてみた図がこれです。すると、周転円は太陽の周りを回る内惑星の軌道になっていて、従円はなんと太陽を回る地球の軌道になっているではありませんか。

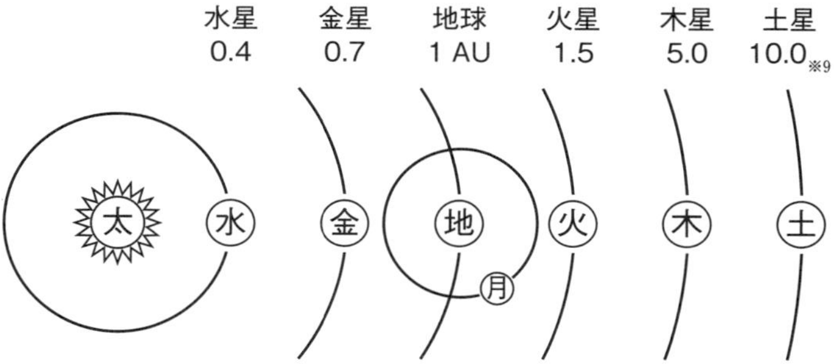

図3.12　太陽を中心にして、近い順から水星、金星、月を伴っている地球、火星、木星、そして土星からなるコペルニクスの宇宙像。まさにこれが、コペルニクスの著書『天体の回転について』に誇らしげに掲載されている宇宙像（図3.3）に他なりません。

さいと言っているのではありません。そこで、外惑星に関する図3.7と内惑星に関する図3.11を見てください。太陽は、すでに宇宙の中心に据えられているではありませんか。そこに、太陽からの距離を考慮して各惑星を配置することによって、太陽を中心とするコペルニクスの宇宙（図3.12）が完成したのです。この図こそが、まさにコペルニクスが著書『天体の回転について』に誇らしげに収録した図3.3に他なりません。

このようにして、コペルニクスは、プトレマイオスの『アルマゲスト』から、太陽を中心に据えて、各惑星の公転周期の増加に伴って、次のように軌道半径も大きくなっていく太陽系の姿を見出したのです。

第３章の註►P.76

公転周期が大きくなるにつれて、軌道半径も大きくなっていくというコペルニクスの考えが、後のケプラーに受け継がれて、公転周期の2乗が公転半径の3乗に比例するという第3法則（第4章4.7節）へと実を結んでいくのです。

コペルニクスを強く支持するガリレオ

プトレマイオス以前から、またプトレマイオスも、惑星の逆行のからくりの解明が最大の問題でした。コペルニクスによって、各惑星の周期と太陽との距離との関係が解明されて、外惑星（火星、木星、土星）の逆行は、運行速度の速い地球も惑星の1つとして金星と火星の間に配置させることによって説明できるようになりました。地球の外側で周回している火星を、内側から速い速度で追いつき追い越していく地球の乗客の私たちには、火星がスピードを緩め、追いつくと止まったように見え、そして追い越すときには後退していくように見えます。もう周転円など必要はありません。とにかく、コペルニクスは、肉眼に頼るような機器しかない時代に、主としてプトレマイオスのデータの分析によって太陽系のからくりを解明した人となったのです。コペルニクスの描いた太陽系は、有名な図3.3に描かれています。このからくりによって、逆行はいつも、惑星が地球に対して太陽の反対側にあるときにだけ起きることも説明できることになりました。次の図3.13は、ガリレオの有名な著書『天文対話（プトレマイオス及びコペルニクスの世界二大体系についての対話）』にある外惑星の逆行を、太陽中心説によって自然に説明できることを説くところの挿図です。

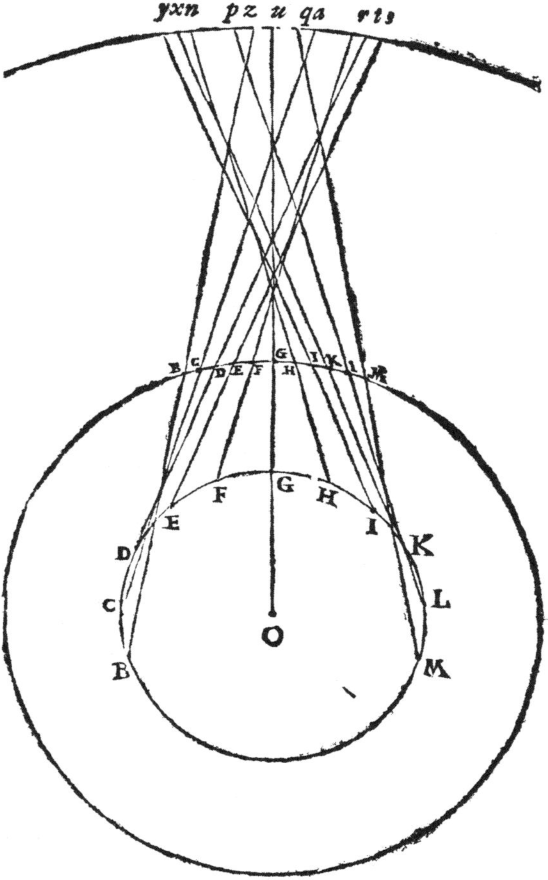

図3.13　ガリレオの著書『天文対話』（1632年初版本）の中で、5惑星の逆行は、太陽を中心として、その周りを地球が回り、それよりも遅い速度で外惑星が周回するという構造によって自然に説明できることを説いています。特に、この図を使って12年周期で公転する木星の逆行について解説しています。［金沢工業大学ライブラリーセンター所蔵］

さらに、ガリレオは『天文対話』の中でコペルニクスの太陽中心説かつ地動説を絶賛して、コペルニクスの宇宙像を、図3.14として掲載しています。これと、コペルニクスの宇宙像の図3.3とを比較してみてください。すると、注目すべき点があります。ガリレオは望遠鏡を発明して木星の衛星を4個発見しましたので、ガリレオの図では、木星に4個の小さな同心円が取り巻いています。

木星の衛星の発見について、ガリレオの著書『星界の報告』(山田慶児・谷泰訳、岩波文庫)から引用させてもらいましょう:「一六一〇年、つまり、今年の一月七日の翌夜の一時に、筒眼鏡で天体観測中、わたしはたまたま木星をとらえた。わたしはたいへんすぐれた筒眼鏡を用意していたから、木星が従えている、小さいけれどもきわめて明るい三つの小さな星をみつけた。……天空のなかで三つの星が木星のまわりをまわっているということを、わたしは確認し躊躇なく結論した。……しかも、木星のまわりを回転している星は三つではなく、四つあった。」

本章の最後に、ガリレオの『天文対話』の扉の絵(図3.15)を入れておきましょう。この絵には、アリストテレス(左)、プトレマイオス(中央)、それにコペルニクス(右)が描かれています。特に、コペルニクスが左手に持っているものが、太陽を中心とする太陽系の模型であることに注目してください。『天文対話』は、その題名の通り、3人の人物による対話形式で書かれた本です。登場人物のサルヴィアチはコペルニクス説を代表しガリレオを代弁する人物で、シン

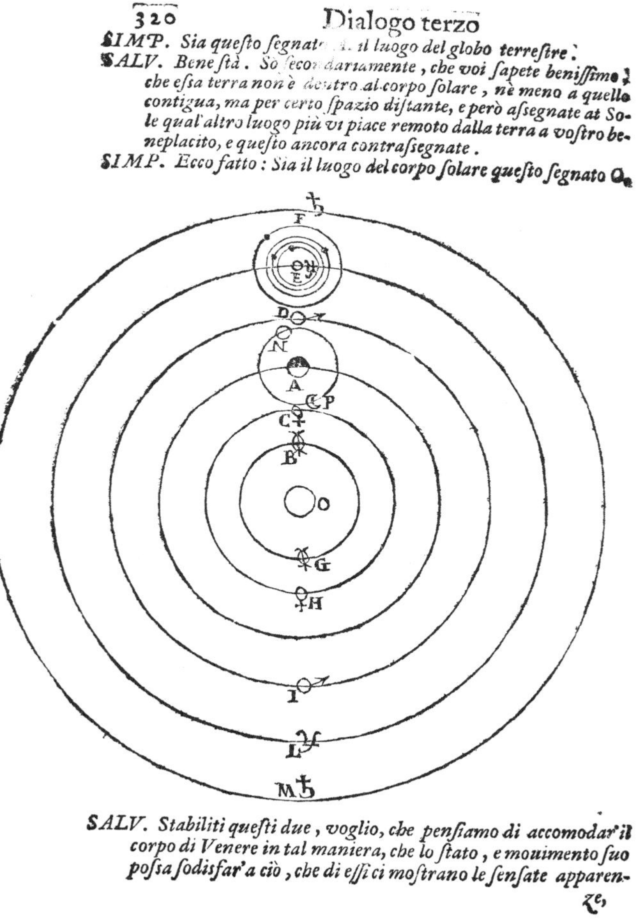
320　Dialogo terzo

SIMP. Sia queſto ſegnat... il luogo del globo terreſtre.

SALV. Bene ſtà. So ſecondariamente, che voi ſapete beniſſimo, che eſſa terra non è dentro al corpo ſolare, nè meno a quello contigua, ma per certo ſpazio diſtante, e però aſſegnate al Sole qual'altro luogo più vi piace remoto dalla terra a voſtro beneplacito, e queſto ancora contraſſegnate.

SIMP. Ecco fatto: Sia il luogo del corpo ſolare queſto ſegnato O.

SALV. Stabiliti queſti due, voglio, che penſiamo di accomodar'il corpo di Venere in tal maniera, che lo ſtato, e mouimento ſuo poſſa ſodisfar'a ciò, che di eſſi ci moſtrano le ſenſate apparenze,

図3.14　ガリレオの『天文対話』にある、コペルニクスの宇宙像。注目すべきは、望遠鏡を使って発見した4個の衛星が周回している木星が描かれていることです。木星の衛星が描かれていない図3.3のコペルニクスの宇宙像と比較してみてください。[金沢工業大学ライブラリーセンター所蔵]

プリチオはプトレマイオス説を代表する意見者、もう1人のサグレドは専門的学者ではなく良識のある人物として登場させて、3人の鼎談《ていだん》によってガリレオの考え方を説いています。ガリレオには、第5章の時計の話のところでまた登場してもらうことにします。

コペルニクスは、いま見てきたように太陽を宇宙の中心に置き、さらに惑星間相対距離を決定しました。この偉大な発見をしたコペルニクスですが、惑星の運行は円に基づくからくりに従っていることを寸部たりとも疑っていなかったのです。彼の著書『天体の回転について』の中に「惑星の運行は、一様で、まるく、そして永久であり、あるいはいくつかの円の合成である」と述べています。さらに他で、水星は7個の円の上を運行し、金星は5個、地球は3個、地球の周りを回る月は4個、それに火星、木星、土星は同じく5個、すなわち惑星全体で34個の円の組み合わせの軌道上を運行していると述べており、ピタゴラス以来の崇高なる円の観念を抱きつつ達成した快挙でした。次章で、「円から楕円へ」の脱却を見ていくのですが、それはケプラーに託された仕事となったのです。

図3.15　『天文対話』の扉。3人の賢者は、左はアリストテレス、中央がプトレマイオス、そして右がコペルニクス。コペルニクスが手に持っているのは中心に太陽がある太陽系の模型。［金沢工業大学ライブラリーセンター所蔵］

第3章の註

（P46）
1. 天動説と地球中心説、および地動説と太陽中心説は全くの同義語ではありません。英語でgeocentricismまたはgeocentric theoryは地球中心説ですが、しばしば「天動説」と訳され、heliocentricismまたはheliocentric theoryは太陽中心説ですが、「地動説」と訳されてしまうことが多いように思います。

（P47）
2. 太陽とは別のものとして、人間の目には見えない火が宇宙の中心に存在するというもの。

（P47）
3. 天体（月）の食を説明するために存在するとされています。

（P52）
4.「最高のもの」を意味するアラビア語。（研究社『新英和大辞典』almagest = the greatest work）

（P54）
5. 参考文献：A. Van Helden, *Measuring The Universe*, The University of Chicago Press, 1985, Chap. 3.

（P58）
6. レギオモンタヌスは、ドイツ人でドイツ語名はヨハネス・ミュラー・フォン・ケーニヒスベルク。『アルマゲストの要約本』はラテン語で書かれており、「ケーニヒスベルク」のラテン語名のレギオモンタヌスを著者名としたようです。

（P65）
7. この従円半径の比率は、実際、太陽－地球間距離を単位の長さとする天文単位で測った値と一致します（第4章4.7節　表4.1のNASAのデータを参照のこと）。

（P67）
8. すでに知られていた惑星の公転周期についてもNASAの同データ（表4.1）と比較参照のこと。

（P69）
9. 第4章4.7節　表4.1のNASAのデータと比較参照のこと。

第 4 章

curves

太陽系──楕円を描く惑星

—ティコ・ブラーエからケプラーへ—

コペルニクスは、宇宙の中心には太陽があると説き、惑星間の相対距離も決定することができました。しかしながら、コペルニクスにとって、天体の運行はやはり円が基本であることに変わりはありませんでした。コペルニクスによる惑星間の相対距離を知っていたケプラーは、ティコ・ブラーエのデータから、惑星の運行は楕円を描くことを知るに至るのです。曲線の数理に注目する観点からは、惑星の運行がいかにして円から楕円であると認識されるようになっていったか、そしてニュートンへとつながる惑星の運行の解明に偉大な貢献を成し遂げたケプラーに焦点を当ててみたいと思います。この章は、2000年もの間定着していた観念「円が基本」から「楕円」へと脱却していった16世紀後半から17世紀にかけての物語です。

4.1 観測に徹したティコ・ブラーエ

デンマークの貴族の出であるティコ・ブラーエ（1546-1601）は、1576年にデンマークとスウェーデンの間の海峡にあるヴィーン島（現スウェーデン領）にデンマーク国王から2つの天文台（図4.1、4.2）を建ててもらい、20年に亘って天文観測を行いました。その後、神聖ローマ帝国皇帝ルドルフ二世の下、1599年からプラハの城を与えられ観測を続けました。翌1600年にケプラーは、ティコの弟子となっ

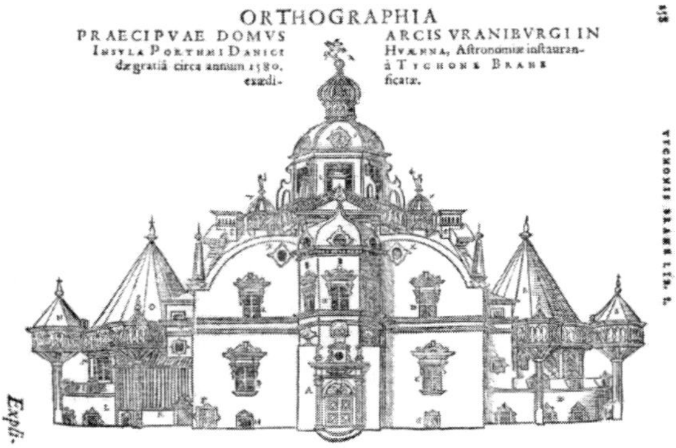

図4.1　ヴィーン島のウラニボルク（天の城）と呼ばれる天文台（ギリシャ神話の天の神ウラノスにちなんだ名称）。[出典 *Epistolarum astronomicarum libri*（1601）, ETH-Bibliothek Zürich, e-rara.ch, Signature: Rar 4403]

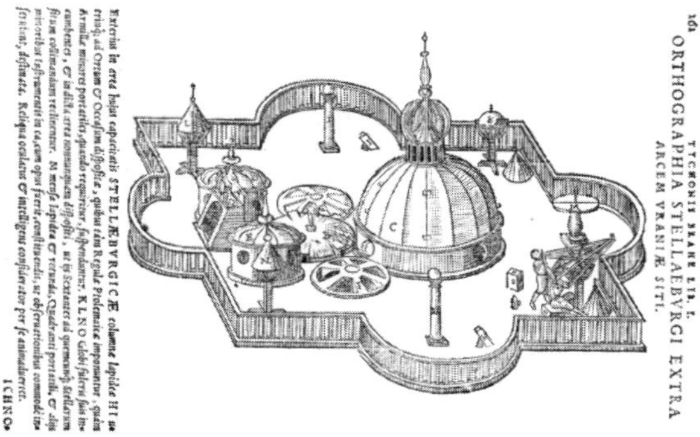

図4.2　ヴィーン島のステルニボルク（星の城）と呼ばれる天文台（「星」〔ステル＝スター〕にちなんだ名称）。（出典 図4.1と同じ）

て、火星の研究を命ぜられました。国を治める国王にとって、正確な天文表をもつことは極めて重要なことで、そのためにも天体観測は国家的事業で、それを拝命したのがティコ・ブラーエだったのです。

ティコの観測データがいかに正確だったか、そしてそのデータに一点の曇りも感じなかったケプラーの言葉を見てみましょう。

「神の慈悲は、我々に最も勤勉な観測者であるティコ・ブラーエをお与えくだされた。ティコ・ブラーエの観測から、プトレマイオスの計算における8分の誤差が明らかになり、我々は、感謝の気持ちをもって、神の恩恵を認めかつ尊重することがふさわしいのである。いまや、それ（誤差）を無視することはできず、この8分のみが全天文学の改革への道へと導くであろう。」※1（1分＝1度の$\frac{1}{60}$）

それ以前のティコ以外の観測値、コペルニクスにしてもしかり、角度にして10分程度の誤差は当たり前と思われていたところ、ケプラーはティコの観測精度は1分程度以内であることを信じて疑わなかったのです。というのも、ケプラーは、ティコの弟子となって実際に天文機器を使って観測をしていました。その8分を解明するところから、「円」ではないと感じるようになっていきます。ティコは科学における事実を事実として記録すること、すなわち「観測に徹した科学者」でした。

ティコ・ブラーエが、いかに大きなしかも精密な天体観測機器を製作して観測をしていたかを示しているのが図4.3で

 第4章の註►P.118

図4.3　ティコ・ブラーエの巨大な四分儀。四分円の目盛りの弧の長さは約3メートルもあります。中央に座っているのがティコ。指を差している方向の壁に穴が空いていて、星を観察します。4分の1の円弧に角度の目盛りが刻まれています。目盛りの近くから星を裸眼で観測して目盛りを読みます（右端の半身の人）。左下の机で記録をとる人もいます。角度の精度は1分以内だったといわれています。ティコ・ブラーエ『新天文学の器具』（1602年初版本）より。［金沢工業大学ライブラリーセンター所蔵］

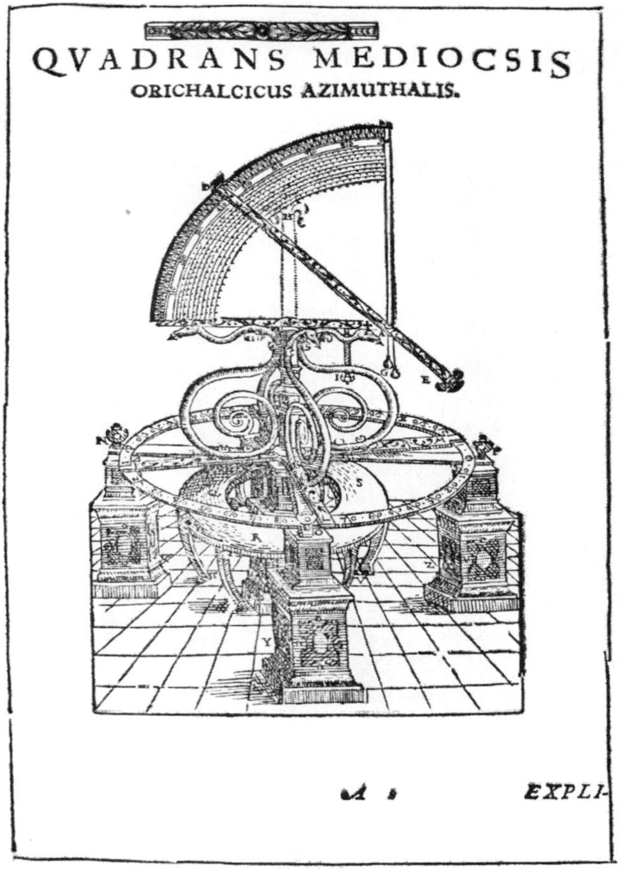

図4.4　ティコの四分儀の1つ。［出典 図4.3と同じ］

す。径が約2メートルの四分儀を備えた観測室の様子を描いています。四分儀の目盛り（円周の4分の1）は約3メートルあって、そこに角度90度分の目盛りが細かく刻まれています。すなわち、角度の1度が目盛りの約33ミリメートルに対応し、そこをさらに細分して角度1分程度までの精度を追求していました。ティコの著作の中には、たくさんの四分儀や六分儀、および天頂儀の図が収録されています。図4.4はそのような四分儀の一例です。

4.2　ケプラー登場

すでにケプラーの名前がでてきていましたが、あらためて、ケプラー（1571-1630）は、ドイツのシュトゥットガルトの郊外で生まれ、17歳でチュービンゲン大学に入り神学および天文学を含む数学を学びました。その時代は、地球が宇宙の中心であるというプトレマイオスの天動説（2世紀）が1500年もの間広く受け入れられていた時代でしたが、1543年にコペルニクス（1473-1543）が『天体の回転について』を著して50年ほど経ったころでした。この本においてコペルニクスは有名な太陽中心説、すなわち地動説を唱えました。ケプラーはコペルニクスの宇宙像に惹かれていましたが、その頃は科学的にというよりも、むしろ輝く太陽が中心におかれた調和のある宇宙像として捉えていたのかもしれません。

星が6個あること―宇宙の調和

チュービンゲンの大学の後、1594年からオーストリア南東部のグラーツで数学と天文学を教えることになります。そこでケプラーは、ティコ・ブラーエ（1546-1601）と出会うまえの1596年、彼が25歳のとき『宇宙の神秘』を著しました。その本の主題は、なぜ惑星は、水星、金星、地球、火星、木星、そして土星の6個だけなのか、それは、5個の正多面体と6個の惑星とが見事な調和をしているからだということを説くためでした。その本は、そのことを発見した喜びに満ちて書かれたものでした。正n面体が、5個だけに限られる（$n = 4, 6, 8, 12, 20$）ことによって、惑星が6個ある。すなわち6個の惑星の5つの間隙にまさに5つの正多面体がぴたりと収まり調和しているではないかということです。

次ページの図4.5は、ケプラーの著書『宇宙の神秘』に掲載されている正多面体と惑星が配置されている球殻を立体的に表したものです。下半分の一番大きな半球に土星が配置されています。それに内接しているのが正六面体であり、それに内接する球殻に木星が配置されています。そしてこのように順次、惑星と正多面体とが内接、外接して水星まで調和してつながっているという描像です。この図で、土星は遠日点と近日点の間を運行するので球殻の厚みによってそれを示しています。さらに内部の惑星の球殻にも厚みをもたせているのはそのためです。

ケプラーとティコ・ブラーエとの出会い
—火星の研究

さて、ケプラーは、1600年1月にティコ・ブラーエに会うためにグラーツを旅立ち、1ヵ月後にプラハの郊外にあるティコが天文台としていたベナテク城で出会いました。ティコ

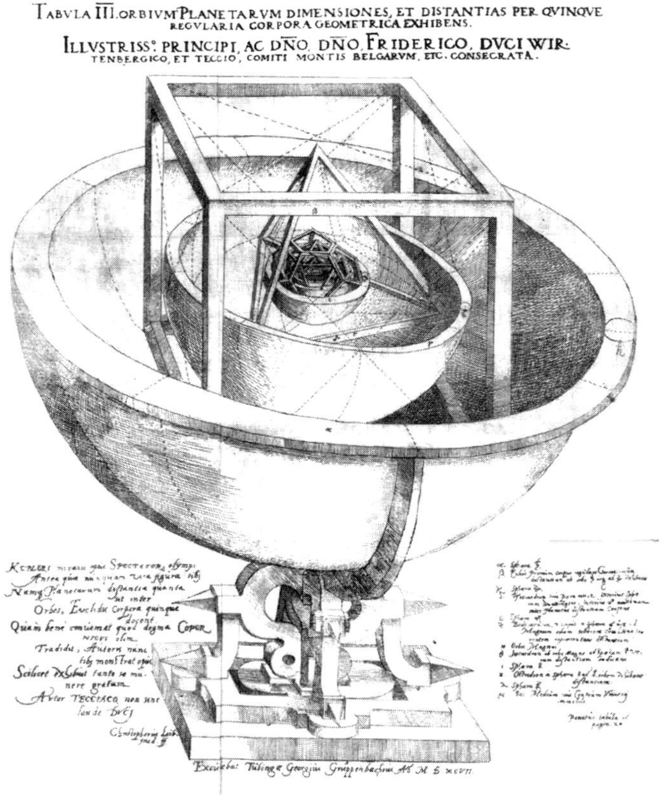

図4.5　正多面体は5つしか存在しません。ケプラーは、惑星が6個に限られるのは惑星間には5つの正多面体が配置されているからだと考えたのです。[出典　ケプラー著『宇宙の神秘』*Mysterium Cosmographicum* (1596), ETH-Bibliothek Zürich, e-rara.ch, Signatur: Rar 1367: 1]

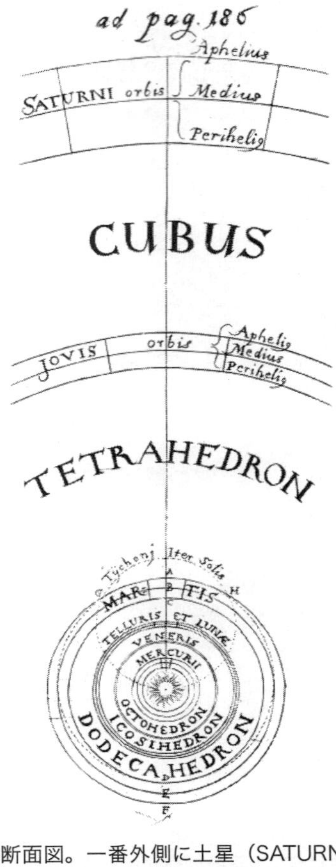

図4.6　図4.5の断面図。一番外側に土星（SATURNI＝サトゥルニ〈サターン〉）、そのすぐ下に正六面体（立方体）（CUBUS＝クブス〈キューブ〉）、その下に小さな字で木星（JOVIS＝ヨウィス〈ジュピター〉）、その下に大きな字で正四面体（TETRAHEDRON＝テトラヘドロン）、……と続き、さらに小さな同心円の中に火星、地球、金星そして水星が書き込まれています。ケプラー著『世界の調和』※2（*Harmonices Mvndi*）（1619年初版本）より。［金沢工業大学ライブラリーセンター所蔵］

 第４章の註►p.118

はそのとき53歳でケプラーは28歳でした。ところがティコはケプラーとの出会いから2年も経たずに亡くなってしまいました。

ティコの助手となったケプラーは、火星の研究をすることになって、それが真の宇宙像を切り拓くきっかけとなったのです。火星は、地球に最も近い外惑星で、天球に描かれる動きは逆行することもあって、とても奇妙なものでした。現代の私たちにとっては、動いている地球から動いている火星を観測しているのだから、乗っている自動車から他の運動物体を見ているのと同じことなので、火星が複雑な動きをすることは当たり前のこととして理解できます。

4.3　まず地球の軌道を決めよ

ケプラーは、火星の動きを解明しようとするためには、まずは地球の動きを知らなければならないと考えました。それに、惑星は太陽の周りを円を基本とする軌道、すなわち大きな従円の上を回る小さな周転円上を運行すると考えられていました。このことは、コペルニクスの宇宙像でもティコ・ブラーエの宇宙像でも同じです。地球も動いているのだからまずは自分の位置が分かっていないといけません。そしてケプラーは地球の運行を調べ始めたのでした。

太陽中心説における離心円

天動説であれ、地動説であれ惑星は円を基本とする軌道上を運行するものと考えられていました。地球から火星を見た場合、非常に複雑な動きをしているのですが、太陽を「平面上で固定」して、惑星は太陽の周りの円軌道上を運行しているものと考えます。ケプラーは、もちろん天動説ではなく、地球も1つの惑星として運行するコペルニクスの地動説をとっていましたが、太陽の位置はその中心ではなく少しずれていることを観測データから知っていました。太陽はその円軌道の中心の位置にはいないということです。現代の私たちは、太陽が楕円軌道の1つの焦点の位置にあることを知っていますが、これからそのことの解明に進もうとしているケプラーには分かっていないことでした。とにかく、太陽は、火星の軌道円の中心からずれた位置にあります。そのことを表すために、その軌道円はやはり「離心円」といえるでしょう(図4.7)。

あまり語られることがありませんが、3つの法則に辿り着く前に、ケプラーは重要な認識をもっていました。それは、

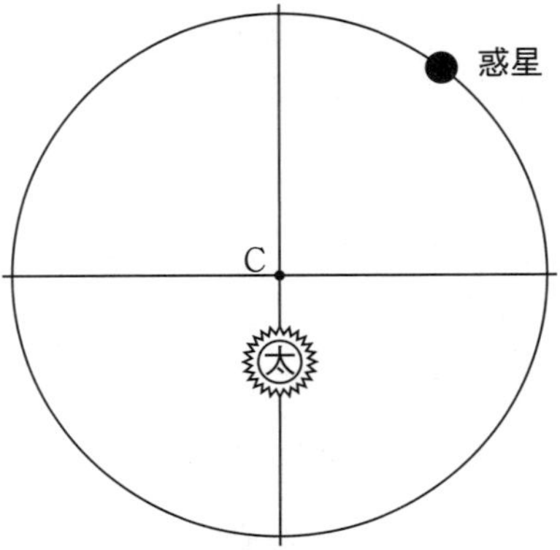

図4.7　惑星は円軌道上を運行すると考えられていましたが、太陽はその中心ではなく少しずれたところに位置しています。

火星が太陽を含む1平面内を運行しているということです。火星の見かけの運行は極めて複雑で、コペルニクスにしても火星の運行を複数の円を使って説明しようとしていましたし、振動しているという議論まである中で、火星の軌道が1平面内にあるという認識は、「円か楕円か？」という問題に取り組むための極めて重要な大前提でした。

火星を基準にして我が地球の位置を知る

火星は、公転周期が地球の1年を単位として、2年弱、すなわち687日、1.88年で公転しています。火星が太陽に対し

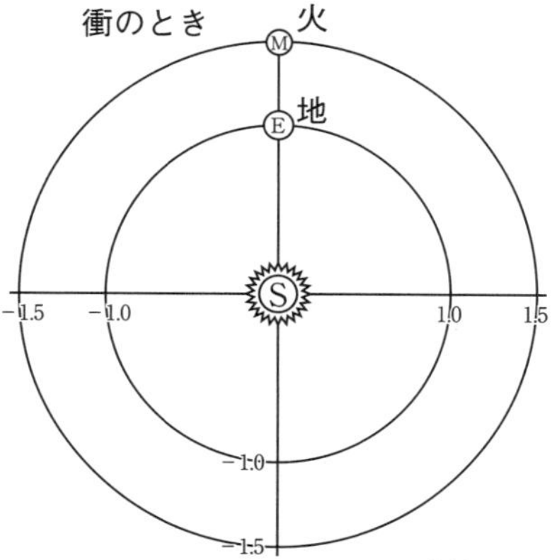

図4.8　太陽、地球、火星の順に並んだ状態を「衝《しょう》」といいます。この衝のときを基準として、火星の1公転後（1.88年後）、2公転後（3.76年後）および3公転後（5.64年後）には、火星は繰り返し太陽に対して同じ位置に戻ってきます。そのときの地球の位置は、次のページの図4.9、4.10、4.11で示されます（これらの4つの図で、太陽－地球間距離は1AUで、太陽－火星間距離は1.52AUなので、地球の軌道円と火星の軌道円の大きさの比率は正しく描かれています）。

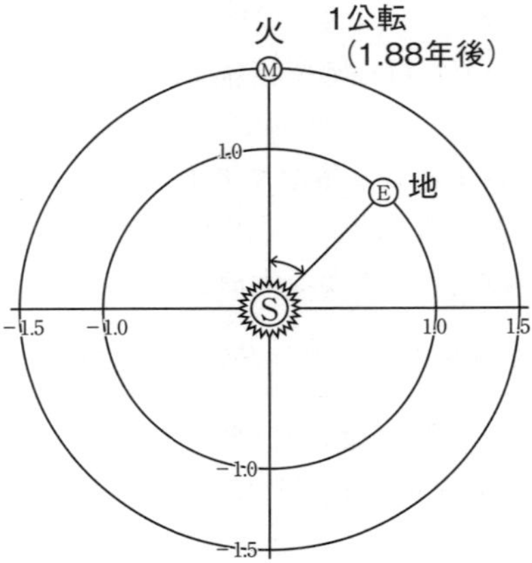

図4.9　基準の衝から1.88年後の地球の位置。

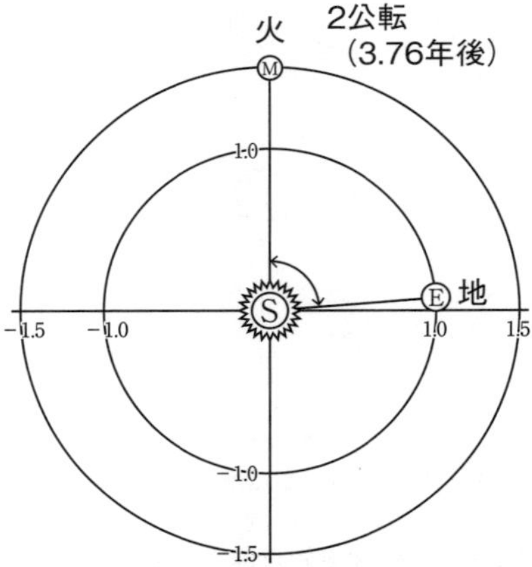

図4.10　基準の衝から3.76年後の地球の位置。

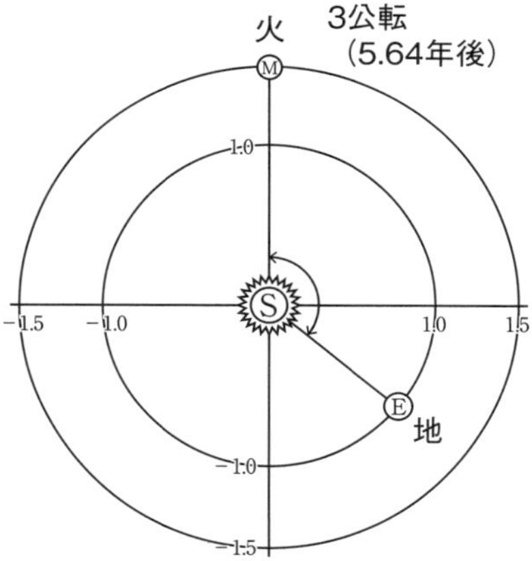

図4.11　基準の衝から5.64年後の地球の位置。

てある決まった位置から、再びその位置に戻るのに1.88年かかります。特に、地球から見て太陽と反対側に火星がくるときを「衝《しょう》」といいますが、そのときを基準とします。

そして、火星の1公転後（1.88年後）、2公転後（3.76年後）および3公転後（5.64年後）に、火星は太陽に対して同じ位置にもどります。そのようなときは、太陽と火星を結ぶ線が、衝のときの線と繰り返し同じ位置にきて重なります。しかしながら、地球の位置は、1.88年後、3.76年後および5.64年後には、図4.9、4.10、4.11で示される位置に移動しています。このような配置について、それぞれ

・火星－太陽－地球のなす角度
・火星－太陽間距離と地球－太陽間距離の比

を測定することによって、円であるはずの地球の軌道を知ることができたのです。円は3点を決めれば決まります。さらに重要なことは、このような測定によって、地球の運行の速さが他の惑星と同様に一様ではないことも分かったことです。それが、第2法則へとつながっていくのです。

4.4 3法則発見以前のケプラー

ケプラーの科学的業績は、有名なケプラーの3法則にまとめられています。法則の名前に番号がありますが、発見の順番は第2法則が最初で、次に第1法則であり、この2つはケプラーの著書『新天文学』(1609年)に書かれています※3。最後は、第3法則でケプラーの著書『宇宙の調和』(1619年)に書かれています※4。この後の節で、ケプラーの3法則を順次説明していきますが、まずそれらを現代の言葉で述べておくことにしましょう。

ケプラーの3法則※5

第2法則

惑星と太陽を結ぶ線分が一定時間に通過する面積は一定である。(面積速度一定の法則)

第1法則

惑星は太陽を1つの焦点とする楕円上を運動する。

第3法則

惑星の公転周期Tの2乗は、軌道楕円の半長軸(=惑星の太

第4章の註▶P.118

陽からの平均距離）Rの3乗に比例する。

$T^2 = KR^3$（Kは比例定数）

法則に向かっていく以前のケプラーの認識

ケプラーの著書『新天文学』の中には、3つの法則につながる重要な認識の芽生えが所々に見受けられ、3法則に至るというだけでなく、ニュートンの万有引力理論にまでもつながっていくものもあります。要点を3つだけ取り上げてみましょう。

・惑星の軌道は1平面内にあるという認識。

・太陽が宇宙の中心に静止し地球が宇宙の中心の周りを動くことも推論していた。

・近日点における動きの速さと遠日点における速さは、宇宙の中心から惑星に引いた線分の長さにほぼ反比例する。

ケプラーは、太陽が宇宙の中心に位置することについて、かなりの確信をもっていたと思われます。惑星の運動の原因が太陽にあると感じていたことは確かです。ケプラーから、ニュートンに確実にバトンを渡して、万有引力へとつながっていく兆しがここに見受けられます。

4.5　ケプラーの第2法則

ケプラーの3法則のうち最初に発見された第2法則から見ていくことにしましょう。第2法則は、「惑星と太陽を結ぶ線分が一定時間に通過する面積は一定である（面積速度一定の法則)」でした。

ケプラーは、すでに惑星の運行の原因は太陽にあると考えて、観測データからも火星の運行は太陽から遠いと速度は遅くなり、近いと速くなっていることを知っていました。特に、近日点では速く、遠日点では遅くなることが明確でした。火星は、図4.7の離心円上を運行していると考えて、離心円上の360の点における速さと太陽との距離を、ティコのデータおよびケプラー自身も観測によって得たデータから読み取っていきました（図4.12）。

その結果、太陽-惑星間距離Rと惑星の速度Vが反比例していることが分かりました。

惑星が離心円上の一定の長さの弧（Lとする）を通過する

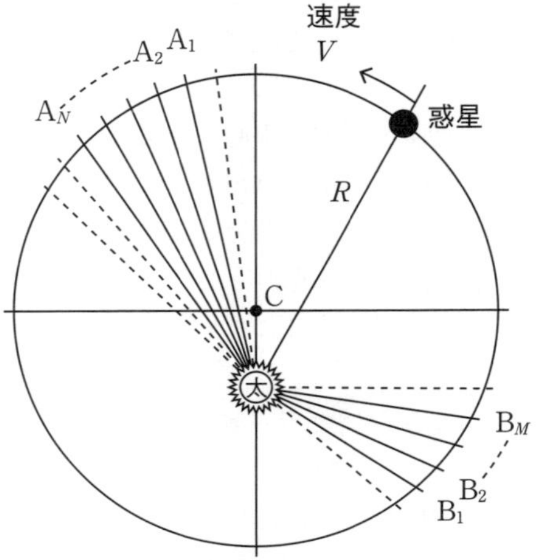

図4.12　ケプラーは、離心円上の360の点における惑星の速度と太陽-惑星間距離との関係を調べました。

時間について考えると、速さが遅いと時間Tは長くなり、速いと通過時間は短くなります。すなわち、太陽との距離Rの位置における長さLの弧を通過するときの速さVはRに反比例し、通過時間TはRに比例します。

$$V=\frac{k}{R},\ T=\frac{L}{V}=\frac{LR}{k}\quad\rightarrow\quad \boxed{LR=kT\quad (k：\text{比例定数})}$$

図4.13で、離心円上の任意の位置で、長さLの弧$\overset{\frown}{\mathrm{AB}}$を考え、太陽（S）と弧$\overset{\frown}{\mathrm{AB}}$までの距離と通過時間をそれぞれ$R$, Tとします。さらに、細い扇形SABを三角形△SABで近似して、面積を計算すると

$$\text{扇形の面積}=\triangle\mathrm{SAB}=\frac{1}{2}LR=\frac{1}{2}kT$$

のように、面積は時間とともに増加していくことが分かります。その増加していく面積を時間Tで割れば、次のように一定値となります。

$$\boxed{\text{面積速度}=\frac{\text{扇形の面積}}{\text{時間}}=\frac{\triangle\mathrm{SAB}}{T}=\frac{1}{2}k\ (\text{一定})}$$

これが、面積速度が一定であることを主張する第2法則です。

ケプラーの時代にはまだ微積分はありませんでした。ケプラーは、細かい扇形の面積の計算をアルキメデスと同じように三角形の面積から求めるという方法を使いました。そのアルキメデスの積分の計算法については、高木貞治の名著『解

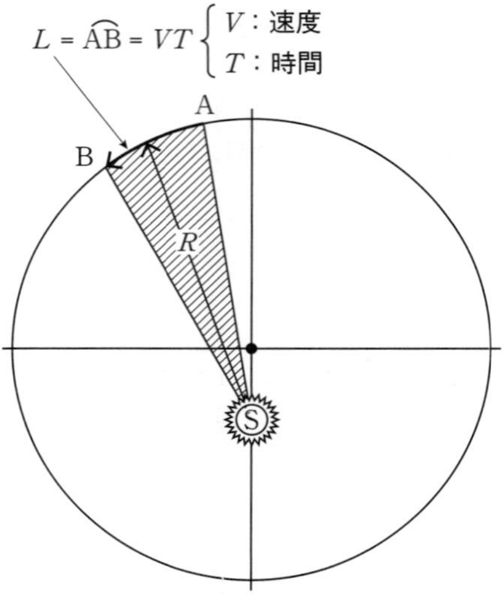

細い扇形の面積

$$\triangle \mathrm{SAB} = \frac{1}{2} LR$$

図4.13　面積速度が一定という第２法則の説明図。

析概論』（岩波書店）の中の「古代の求積法」という節で詳しく書かれています。

4.6　ケプラーの第１法則

第1法則は、「惑星は太陽を1つの焦点とする楕円上を運動する」でした。

ケプラーは、火星の軌道を決めようと観測データと取り組

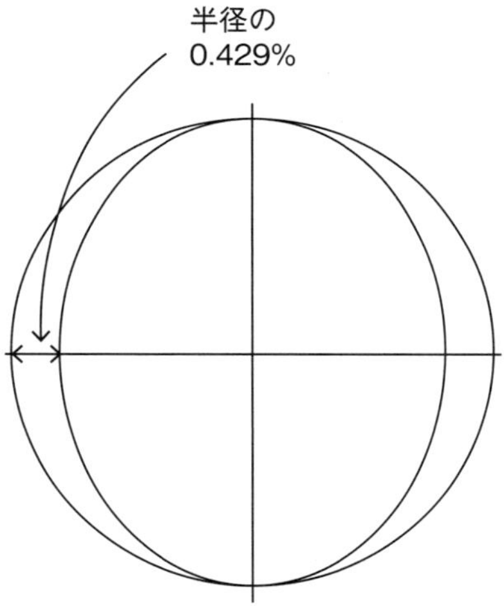

図4.14　短軸方向は円から0.429％だけ縮まっていました。

図4.15　円じゃないぞ、縮めろ、楕円だ！　でも、わずかだぞ。

み、最初のうちは観測データを円軌道に合わせようと奮闘しました。しかし結果は、円とはどうしても合いませんでした。それから、軌道曲線は卵形であると思い込んで再び奮闘することになります。とにかく、太陽-火星間距離をいくつもの点において計算をした結果、軌道の短い方向の距離は円よりも0.429％だけ縮まっていることが分かりました。図4.14は、この円から縮んだ楕円を強調して描いていますが、紙の上に描いた直径10cmの円に対しては0.429mm縮めただけの楕円となります（鉛筆で描いたら円と楕円の隙間がはっきりと分かるように描くことは難しいでしょう）。

さらに、火星から太陽へ、また火星から円の中心を見たときの角度をいろいろと調べてみました（図4.16、4.17）。もしも軌道が円だとしたら、太陽－中心－火星が一直線上にあるときは当然0度ですが、位置によって変化して、もともと大きくはない角度ですがどこかで最大値をとります。ケプラーは、その最大値となる角度が5度18分であることを知ったのです。その角度の値は、軌道が円ならばあり得ないような大きな値でした。ということは、火星は、円軌道よりももっと楕円に近い軌道上を運行しているのではないだろうか。このようにして様々な観測データから、火星が楕円を軌道として運行しているという確信に至ったのでした。太陽が火星の楕円軌道の2つの焦点のうちの一方の位置を占めていることも確認できました。これが、火星の運行について発見された事実ですが、法則として、任意の惑星は楕円軌道上を運行するというように述べられています。

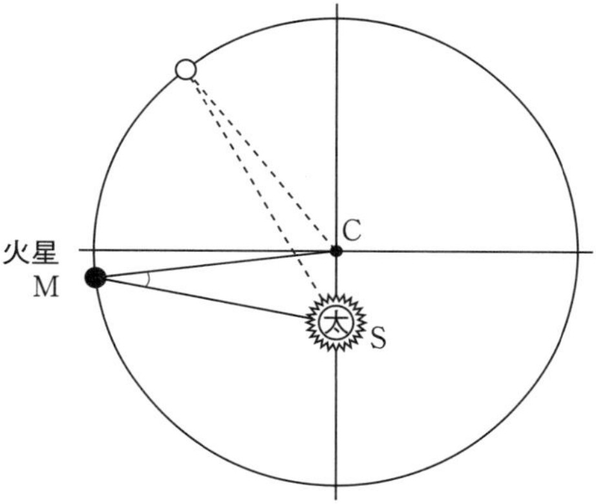

図4.16　火星から見て太陽と軌道円の中心方向を挟む角度が最大となる位置があります。

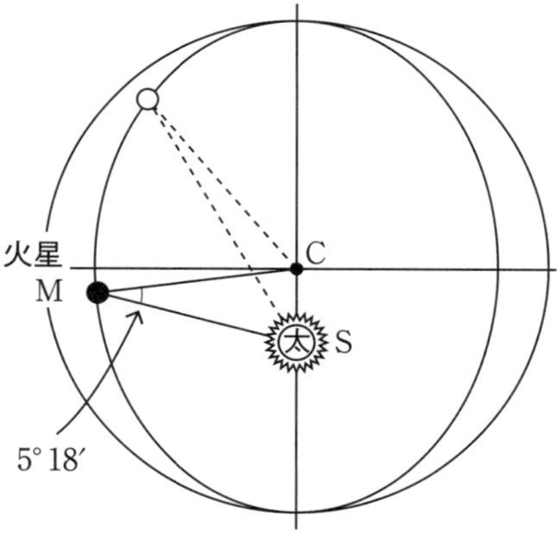

図4.17　火星から見て太陽と軌道円の中心方向を挟む角度が最大となるときの観測値は5度18分でした。それは、軌道が円だとすると大きすぎます。したがって、火星は円よりももっと内側を運行しているはずです。そして、それは楕円だったのです。

図4.18　ケプラーとプトレマイオス。

0.429％の縮みから楕円の離心率を計算する

ケプラーは、円軌道と思っていた火星の軌道が縮み率0.429％の楕円であることを知りました。では、この値から楕円の離心率※6を計算してみることにしましょう。

楕円　$\dfrac{x^2}{a^2}+\dfrac{y^2}{b^2}=1$　$(a>b)$ の離心率は $e=\sqrt{1-\left(\dfrac{b}{a}\right)^2}$

で与えられます。縮み率0.429％は a に対する $a-b$ の割合なので、$\dfrac{(a-b)}{a}=0.00429$ です。よって $\dfrac{b}{a}=0.99571$ となって、離心率は

$$e=\sqrt{1-\left(\frac{b}{a}\right)^2}=\sqrt{1-0.99571^2}=0.09253$$

となります。この後の4.7節の表4.1において、NASAの提供

 第4章の註▶P.118

している火星の離心率は$e = 0.0933941$となっていて、400年前にケプラーが見つけた値と極めて近いことに驚きます。

4.7　ケプラーの第3法則—NASAのデータで検証

第3法則は、「惑星の公転周期Tの2乗は、軌道楕円の半長軸（＝惑星の太陽からの平均距離）Rの3乗に比例する。$T^2 = KR^3$（Kは比例定数)」でした。

ケプラー著『宇宙の調和』（1619年）に書かれている第3法則

高校の物理で習うケプラーの第3法則は、1619年のケプラーの著書『宇宙の調和』の第5巻、第3章、第8※7にかけてほんの1ページほどだけ、次のように記述があります。

Part1：任意の2つの惑星公転周期の比が、正確にそれらの平均距離—楕円軌道の平均距離は長軸よりも少し短い完全な球の大きさ—の比の2分の3乗となることは、絶対に確かであり厳密である。

Part2：もし、公転周期の比、例えば1年である地球と30年である土星の比の3分の1乗すなわち3乗根をとって、それをさらに2乗すると、厳密に正しく太陽から地球と太陽から土星の平均距離の比の値を結果として得られる。というのも、1の3乗根は1、その平方は1。また、30の3乗根は3より大きい、したがってその2乗は9より大きい。さらに、太陽と土星の平均距離は、太陽と地球の平均距離の9倍より少し大きい。

第4章の註►P.118

このように言葉で記述された第3法則を、章末のBOXで読み解いてみます。

アメリカ航空宇宙局NASAの最新データから
ケプラーの第3法則を検証

現代の私たちだからできること、すなわちNASAで公開されている惑星の最新データを使って第3法則を確かめてみることにしましょう。

NASAが公開している太陽系の惑星データを使って、ケプラーの第3法則を計算によって検証してみます。第1法則と第2法則は、個々の惑星の運動に関することでした。すべての惑星に関する第3法則こそが、宇宙の調和の現れでした。ケプラーの時代には、惑星は、水星、金星、地球、火星、木星、そして土星の6個でした。第3法則は、その最も遠い土星について確かめたことを誇らしげに『宇宙の調和』

表4.1　NASAの太陽系の惑星に関する公開データ

惑星	離心率（地球との比） e	公転周期（年） T	軌道半径（AU） R
水星	0.2056　（12.035）	0.2408467	0.38709927
金星	0.00677672　（0.406）	0.61519726	0.72333566
地球	0.01671123　（1）	1.0000174	1
火星	0.0933941　（5.589）	1.8808476	1.523662
木星	0.04838624　（2.895）	11.862615	5.202887
土星	0.05386179　（3.223）	29.447498	9.53667594
天王星	0.04725744　（2.828）	84.017	19.189
海王星	0.00859048　（0.515）	164.79132	30.07

に書き記したものです。私たちは、さらに天王星と海王星も惑星の仲間であることを知っています※8。NASAの提供する8つの惑星についてのデータをまとめたものが表4.1です。NASAは、いろいろな単位によるデータを提供していますが、地球を基準として、公転周期も地球の「年」を単位とし、公転軌道の平均距離の単位も天文単位「AU」（Astronomical Unit：太陽-地球間距離を1とする距離の単位）としたものを選んでいます。上述の地球と土星による第3法則の検証の例で、ケプラー自身も地球を基準としていました。

NASAのデータを使って、ケプラーの第3法則を確認した結果をまとめたのが表4.2です。ケプラーは、太陽から惑星までの距離が遠くなるにつれて、すなわち水星から土星に至

表4.2　ケプラー第3法則に至る計算

惑星	$\frac{T}{R}$	$\frac{T^2}{R^3}$
水星	0.622183297	1.00003303
金星	0.850500389	1.00002108
地球	1.0000174	1.00003480
火星	1.234425745	1.00009511
木星	2.280006273	0.99914309
土星	3.087815732	0.99978295
天王星	4.378393871	0.99902720
海王星	5.480256734	0.99877665

太陽から遠ざかるにつれて
Tの増加率がRのそれよりも大きくなる

極めて良い一致

第4章の註►P.118

るまで太陽からの平均距離Rが遠くなるにつれて、それぞれの惑星の公転周期Tも長くなっていくことに、何らかの「調和」があると考えました。それは、すでに第3章3.6節で述べたようにコペルニクスが気づいていたことですが、ケプラーは数式によって表現された調和にまで到達したのです。

表4.1の公転周期から、水星が最も短く地球の4分の1年で1回公転することが分かります。また、水星の平均距離は地球の平均距離の4割弱くらいです。これが、周期も平均距離も最も小さな値で、次の金星から外惑星にいくにしたがい共に大きくなり、最も遠くにある海王星は、公転周期が164.7年、平均距離が30.07 AUのように大きくなります。このように、周期Tも平均距離Rも、内惑星から外惑星に向かっていくと共に大きくなっていきますが、その中に潜在しているはずの「調和」を探ってみたのです。ここで、ケプラーが見つけた「第3法則」をすぐに計算してしまうことは簡単ですが、ケプラーの苦労を少しだけ辿ってみることにしましょう。

周期Tも平均距離Rも共に内惑星から外惑星にかけて増加しますが、まず最初は比例しているかどうかを確かめてみるのが順当でしょう。すなわち、周期Tと平均距離Rとの比を求めてみることです。表4.2の第1列目がその結果です。内惑星から外惑星にかけて、比は0.62から5.48へと増加していきます。すなわち、周期Tの増加率の方が大きかったことになります。

このように、あれやこれやいろいろと計算※9をやってみ

第4章の註►P.118

たあげくに辿り着いたのが、周期Tの2乗と平均距離Rの3乗の比だったのです。その計算結果は、表4.2の右側です。すると、なんと見事に比の値が8個全ての惑星について極めてよい精度で1に近い値で一致したではありませんか。

ケプラーが例とした土星についてあらためて見ると、土星の公転周期$T=29.447498$［年］、平均距離$R=9.53667594$［AU］ですから、$\frac{T^2}{R^3}=0.99978295$となります。ケプラーは、土星の公転周期を$T=30$、平均距離を$R=9.\cdots$（9より大きい）としていたわけです。

第3法則は、1つの変数が2次、もう1つが3次の2変数の関係式

ケプラーの第3法則は、周期Tが2次で、半径Rが3次の関係式$T^2=KR^3$なので、$y^2=ax^3$の関係式となっていることに注意してください（P21を参照のこと）。

4.8　第3法則からニュートンの逆2乗法則へ

ケプラーの第3法則からニュートンへ

ケプラーは、惑星が円軌道ではなく楕円軌道を運行することを確信しました。その原因が太陽であることにも気がついていました。それが、ニュートンの万有引力の逆2乗法則につながる大きなポイントとなりました。

第3法則$T^2=KR^3$というバトンを受け取ったニュートン

は、即座に、距離の逆2乗法則にしたがう万有引力に達したわけではありません。楕円運動とはいえ、実に円に近い軌道を描く運動であり、ホイヘンスがよく研究していた遠心力との関係をも考えてみたのです。

円運動をしている質量mの物体に働く遠心力は、半径がR、速度がvならば$\frac{mv^2}{R}$となります。ところで、速度vは、円運動の1周の距離すなわち円周$2\pi R$を1公転周期Tで割ったものなので$v=\frac{2\pi R}{T}$となります。よって、遠心力は半径Rと周期Tを使って次のようになります。

$$遠心力 = m\frac{4\pi^2 R}{T^2}$$

万有引力に第3法則（ケプラー）と遠心力（ホイヘンス）を取り込み逆2乗法則

ところで、ケプラーもこのような円運動を起こす原因は太陽にあるということまでは考えていましたが、それを引き継いでニュートンは、さらに一歩というか、より大きく飛躍して、質量を持つ物同士が引き合う万有引力という考えに辿りつきました。すなわち、円運動をしている惑星は、上記の遠心力を感じていますが、その円運動の原因は太陽にあり、それを太陽との万有引力による「向心力」として遠心力と同じ大きさの作用を受けていると考えるので、

万有引力による向心力＝遠心力

となります。

ここで、ケプラーの第3法則の登場です。すなわち、公転周期Tと平均距離Rの間の関係には、$T^2=KR^3$という関係がありました。すると、向心力は万有引力として、次のように距離Rの逆2乗に比例することが導かれます。

$$\text{万有引力による向心力}=\text{遠心力}=m\frac{4\pi^2 R}{KR^3}=\frac{4\pi^2 m}{K}\frac{1}{R^2}$$

距離の逆2乗に比例する万有引力によって引き起こされる惑星の運動は、ニュートンの力学によって楕円軌道を描くことが示されます。ケプラーからバトンを引き継いで、力学によって楕円軌道を導くことができるというストーリーには、本書はこれ以上は立ち入らないことにします。ただし、上記の式に残された$T^2=KR^3$における比例定数Kについては少し述べておかなければなりません。ホイヘンス以来の遠心力の研究や、ニュートンの万有引力の考え方から、mは惑星の質量です。すると、太陽の性質はKに反映されなければなりません。万有引力では、太陽の質量（Mとする）も、向心力の強さに比例するという形での一端を担っていると考えます。よって、万有引力による向心力は$\frac{Mm}{R^2}$に比例することになります。その比例定数を万有引力定数または重力定数といい、Gと表すのです。そして、太陽Mと惑星mの間に働く万有引力は次のように表されることになったのです。

$$\text{万有引力}=G\frac{mM}{R^2}\left(=\frac{4\pi^2 m}{K}\frac{1}{R^2}\right)$$

万有引力定数の値は$G = 6.67 \times 10^{-11}\mathrm{N \cdot m^2/kg^2}$です。ニュートンの万有引力の理論では、太陽と惑星の間だけではなく、質量をもつあらゆる2つの物体の間に働く力であると考えるのです。

地表の重力加速度

地球の表面（地表）にある物体の単位質量（1kg）当たりに働く力を地表の重力加速度といいます。地球の質量が$m = 5.97 \times 10^{24}\mathrm{kg}$、地球の半径が$R = 6.37 \times 10^{6}\mathrm{m}$ですので、

地表の重力加速度g

＝単位質量当たりの地球との万有引力

$$= G\frac{m}{R^2} = 6.67 \times 10^{-11} \cdot \frac{5.97 \times 10^{24}}{(6.37 \times 10^{6})^2} = 9.81\mathrm{m/s^2}$$

となります。

図4.19　ニュートンは、ケプラーの第３法則のバトンと、ホイヘンスの遠心力のバトンを受け取ります。ニュートンは、それらを万有引力の考えに取り込んで重力の逆２乗法則を発見しました。

4.9　逆2乗法則の重力の下での曲線

太陽系の惑星が楕円軌道を描く運行の原因は、ケプラー（第3法則）とホイヘンス（遠心力）からバトンを受けたニュートンが万有引力であるとして、それが逆2乗法則に従うと結論をだしました。これによって、また微積分学のパワーも相まって、惑星の運行だけでなく様々な力学の問題を解くことができるようになりました。ここでは、重力が数学で解析できるようになったことによって、あらためて重力と関係する曲線について考えてみることにしましょう。

重力と関係していると思う曲線をまずは列記してみます。すると、次の5つの曲線があります。

・楕円
・双曲線
・放物線
・サイクロイド
・カテナリー（懸垂線）

逆2乗法則の重力の下での軌道曲線
—楕円、双曲線、放物線

ニュートンによって、万有引力による重力の強さは、重力の原因となる質量の存在する点からの距離の2乗に反比例することが分かりました。それによって、力学として数学を駆使して、その重力の原因となる質量の周辺を運行する別の粒

楕円軌道　…焦点の位置にある太陽の周りの楕円軌道を描く。

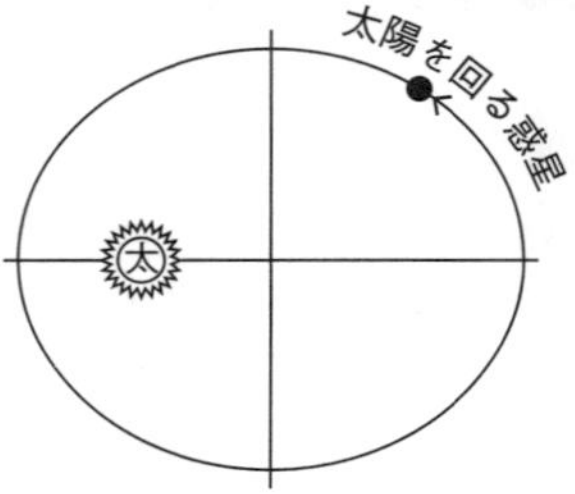

運動エネルギーが低く、太陽の重力によって太陽系の中に取り込まれている粒子（惑星）の軌道。すなわち、太陽系家族たちの軌跡です。

双曲線軌道　…太陽が焦点の位置にある双曲線軌道。

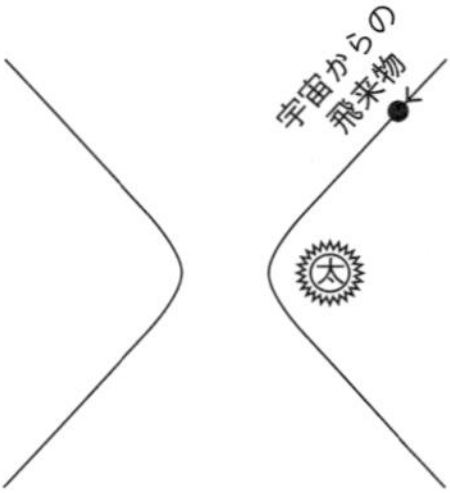

運動エネルギーが十分高く、宇宙の彼方から飛来して太陽の重力には束縛されず、方向を変えて再び宇宙の彼方に飛び去っていく粒子の軌跡。

放物線軌道　…太陽が焦点の位置にある放物線軌道。

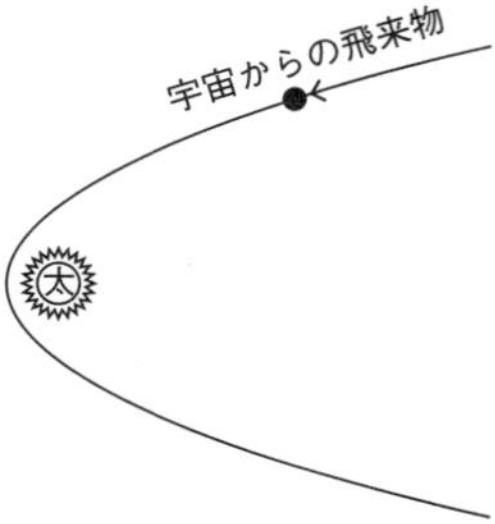

運動エネルギーが上記２つの場合のちょうど境の値のとき、粒子はやはり宇宙の彼方から飛来して太陽の重力に束縛されず、再び宇宙の彼方に飛び去っていきますが、軌道は放物線になります。

図4.20　逆２乗法則の重力場での粒子の軌道

子（惑星）の軌道を計算することができるようになりました。その結果、軌道として現れたのが、まさにアポロニウスの円錐曲線（P19）でした。

太陽系において、太陽による逆2乗法則の重力場での粒子の軌道から考えてみましょう。ここで粒子とは、惑星や星間物質や、宇宙からの飛来物などのことです。さらに1つ、宇宙には、太陽と粒子だけがあるという仮定をおきます（力学における二体問題）。そして、太陽の重力の影響を受ける粒子の運動エネルギーの大きさによって、3つの場合に分けられます。

一般相対論の重力の下での近日点の前進

実際の太陽系では、太陽の次に大きな木星などによる重力の影響によって、他の惑星の運行軌道は完全な楕円とはなっていません（力学における多体問題）。実際、水星の軌道はほぼ楕円軌道なのですが、その近日点は、徐々に前進していることが知られていました。ニュートンの逆2乗法則の重力理論において、木星の影響なども考慮して、多体問題として解くと、近日点が前進することの説明は一応できます。ところが、ニュートンの重力理論では、100年あたりで近日点が前進する角度のうち43秒だけがどうしても計算と合わなかったのです。そして、ニュートン理論以来、1915年に一般相対論が新たな重力理論としてアインシュタインによって提唱されて、その検証の1つとして見事に水星の近日点の移動のうちの残りの43秒を説明できたのでした。近日点の前進の様子を強調して描いたのが、図4.21です。アインシュタインの一般相対論の検証には、その他に、太陽の重力による光

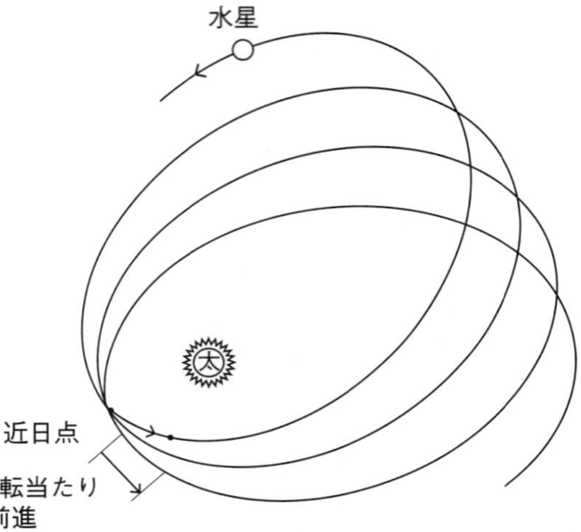

図4.21　太陽以外に木星などの重力源があると楕円軌道の近日点は、少しずつ前進していきます。ニュートンの万有引力の理論で、木星など他の惑星の影響を排除してもなお説明のできない近日点の移動が残りました。それが一般相対論によって解決したのです。図は水星が太陽を1公転するときの近日点の前進の様子として極めて強調して描いています。水星の周期は、0.2408467年（表4.1）なので、100年に約415回太陽を周回します。したがって、100年に43秒の前進は、約415回転の累積の角度変化であることに注意してください。

の曲がり、および重力による光の赤方偏移が有名です。

4.10　一定重力の下での曲線

地表近くの一定重力の下での曲線
―放物線、サイクロイド、カテナリー

力学を学ぶとき、多くの問題が一定重力の下での運動を考

えます。それで、すぐに思い浮かぶのが、ボールを投げたときの放物線です。その他に、サイクロイドやカテナリーも一定重力と深く関係した曲線であることを確認しておきましょう。

・放物線

一定重力のもとで、粒子（ボールなど）を投げると、軌道が放物線となることはよく知られています（図4.22）。このように、放物線は、逆2乗法則の重力においても、一定重力の下でも粒子の軌道曲線として現れるとても重要な曲線なのです。

・サイクロイド

サイクロイドは、一定重力の下で粒子が最も速く降下できる曲線、すなわち最速降下線として知られています。サイクロイドは、次の第5章で詳しく取り上げます。

・カテナリー（懸垂線）

鎖の2点を固定してその間で垂れる形状が、懸垂線ともい

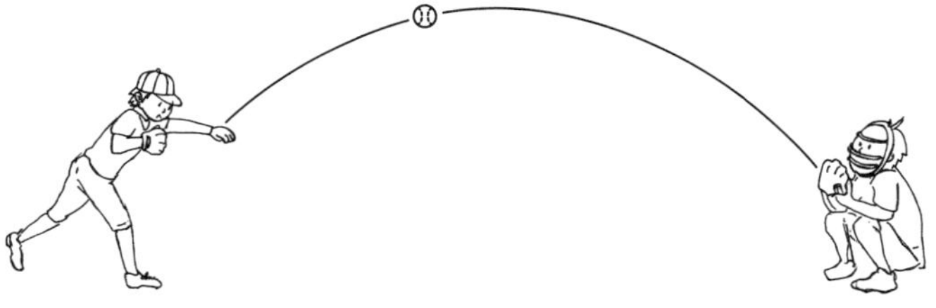

図4.22　投げたボールは放物線を描く。

図4.23　鎖の２点を任意の位置で固定してその間の垂れる形状がカテナリーとなります。

われるカテナリーです（図4.23）。ここで、「鎖」とは、曲げにたいしてエネルギーが蓄えられない1次元の線という意味で使われています。もし曲げたものが、力を離したときに元に戻るとすればその性質を「弾性」といいます。鎖は弾性をもたないという性質で特徴付けられます。垂れ下がる送電線は厳密には鎖ではありませんが、形状はほとんどカテナリーといってもいいでしょう。でも、開き具合はかなり大きいですね。

ところで、放物線は粒子（ボールなど）を投げたときの軌道ですから、一定重力下の動的曲線ということができるでしょう。それに対して、カテナリーは、一定重力下の静的曲線ということができそうです。では、サイクロイドは、どっちでしょうか。サイクロイド自身は動かないから静的曲線といえるでしょうか、それともその上を滑り降りる粒子は動いているから動的曲線でしょうか。はて、さて？

放物線についてもう少し

さて、吊り橋で、メーンケーブルは、どんな曲線でしょうか？　もしも、吊り橋の人や自動車が通る「橋」の部分がなければ、メーンケーブルだけになって、それは電線と同じように鎖が垂れ下がるときの形状と同じなので、カテナリーになりますね。すなわち、橋の部分を設置する前の建設中の吊り橋ならば、確かにカテナリーです。では、橋の部分を吊り下げて完成したときのメーンケーブルは、カテナリーから少しずれた形状になると思いませんか。それは、材料力学での専門的な言葉を使うと、橋の部分を設置することは、メーンケーブルに対して「一様水平荷重」を掛けたということになります。すると、メーンケーブルの形状は、放物線になります。ということは、放物線も、一定重力下の静的曲線とも言えます。放物線は、本当にいろいろなところで活躍してくれています。

ケプラーとは

ケプラーは、確かに科学者でした。しかし、現代の私たちが「科学」と思う意味の科学者かというと、むしろ「科学」だけにとらわれずに調和に満ちた宇宙を、あらゆることから美的に探究し続けた人だったといえるのではないでしょうか。6個の惑星の間に存在する「空隙」には5つの正多面体が収まっているとか、また惑星の運行には音の調べの醸し出す和音の調和が存在しているとか、宇宙におけるありとあらゆる調和の存在を信じて追究していった夢見る人でした。実際、第3法則は、彼の著書『宇宙の調和（*Harmonices*

図4.24　ケプラー著『世界の調和[※2]（*Harmonices Mvndi*）』（1619年初版本）の中の惑星の醸し出す和音の音符。上段左から、土星、木星、火星、地球、そして下段左から、金星、水星、そして右端には三日月のマークが付けられています。[金沢工業大学ライブラリーセンター所蔵]

Mvndi）』の中で、正多面体や音階が描かれた多数のページのなかの1ページにも満たないほんの一部分に記述があるだけですが、それは数学を駆使して見いだした調和の1つだったのでしょう。真の科学者と称してしまえば、科学者としての部分だけを称えるだけのことになりやしないかと思います。図4.24は、第3法則の記述のちょっと後のページに記載されていて、各惑星が醸し出す和音の音符を表しています。

第4章の註

（P82）

1. ケプラー著『新天文学』第2巻、第19章。（原著*Astronomia Nova* 1609;　英訳New Astronomy, p.286, translated by W. H. Donahue, Cambridge University Press 1992.）

（P88, P118）

2. 『世界の調和』は金沢工業大学ライブラリーセンターの蔵書目録での原本の和名ですが、この訳本は、巻末の参考文献 第4章7で、『宇宙の調和』という題名になっています。

（P94）
3. 第2法則は『新天文学』第3巻、第40章、第1法則は同第4巻、第58章に記述があります。

（P94）
4. 第3法則は『宇宙の調和』第5巻、第3章、第8に記述があります。

（P94）
5. 数研出版『物理II』より。

（P102）
6. 楕円の離心率は、本文中にあるように$e=\sqrt{1-\left(\frac{b}{a}\right)^2}$のように表され、円からの変形の程度を表します。楕円のグラフ図1.4において、aは長軸、bは短軸ですが、もしも長軸と短軸が等しければ、半径がa（$=b$）の円になります。そのとき、離心率は、$e=0$となるように定められています。さらに、長軸aを一定として、短軸bを小さくしていって、もしも$b=0$となったら、もはや楕円とは言えずに長さが$2a$の線分になってしまいます。そのときには、$e=1$となります。整理すると、離心率が$0<e<1$の範囲のときに、図1.4で示されたグラフは楕円となります。eが0に近い値のとき、楕円は円に近いふっくらした形ですが、一方、eが1に近いときは、扁平な楕円を表すことになります。（楕円だけでなく、アポロニウスの円錐曲線、または2次曲線〈楕円、双曲線、放物線〉のすべてに、離心率が定義できます。座標を使わない定義もありますが、表し方は異なっていても同じものです。）

（P103）
7. 原著*Harmonices Mvndi*, pp.189-190, 1619.（英訳The Harmony of the World, pp.411-412, translated by E. J. Aiton, A. M. Duncan, J. V. Field, American Philosophical Society 1997.）

（P105）
8. 冥王星は、惑星の仲間としては極端に小さく、実際、月よりも小さいのです。月との比で、質量は約6分の1、半径は3分の2、重力は5分の2程度なのです。国際天文学連合（IAU：International Astronomical

Union）は、2006年8月24日に新しい惑星の定義を発表しました。「惑星」とは、太陽の周囲の軌道を公転して、自身の重力によって球状を形成し、自身の軌道近くに衛星を除く他の天体が存在しないものとされました。そして、太陽系の惑星は、水星、金星、地球、火星、木星、土星、天王星、海王星の8個であるとされたのです。一方、「準惑星」とは、太陽の周囲の軌道を公転して、自身の重力によって球状を形成していることまでは惑星と同じですが、自身の軌道近くに他の天体が残っていて、かつ衛星ではない天体とされました。冥王星は、その周囲に同程度の天体が発見されていたので、惑星ではないとされました。国際天文学連合における「惑星の定義」検討委員会の委員長は、世界的な天文学者・科学史家のオーウェン・ギンガリッチ氏（現在はハーバード大学名誉教授）です。教授の著書を巻末の（第3章の）参考文献に入れてあります。

ところで、原稿の校正をしている最中の2016年1月20日（現地時間）に、アメリカのカリフォルニア工科大学が、太陽系には、1万～2万年周期の9番目の惑星が存在するという明確な証拠を見つけたというニュースが飛び込んできました。2006年に惑星から「準惑星」とされた冥王星に代わって、実際に望遠鏡によって9番目の惑星として私たちに姿を見せてくれて特定されるのはいつの日になることでしょうか？
http://www.caltech.edu/news/caltech-researchers-find-evidence-real-ninth-planet-49523

（P106）

9. ケプラー著『新天文学』第3巻、第39章において$\frac{T}{R^2}$が一定であるとする記述がありますが、$\frac{T^2}{R^3}$が一定であるという正しい第3法則に辿り着く前の試行錯誤を重ねた様子が分かります。

BOX 4

第3法則を ケプラーの原著から読み解く

ケプラーの法則というと、現代の私たちからすると、さぞかしきっちりと書かれていると思うかも知れませんが、意外とさりげなくさらっと書かれています。時代にもよりますが、ケプラーにかぎらず数学や物理学に関することは、結構、文章で書かれています。しかし、さーっと読んでみて、なるほどこの箇所は「その事」が書かれているところかと認識することはとても難しいことです。とくにケプラーは、宇宙は「調和」に満ちあふれていると考えていました。『宇宙の調和』は、多くのページに、惑星の位置、速度などあらゆるデータと和音との調和について書かれています。また、すでに述べましたが、5つの正多面体が6個の惑星間の間隙に存在しているなども調和として捉えていました。そのような記述の中に、突然に1ページほどの記述で第3法則のことが述べられています。このような法則が、400年ほど前にはどのように書かれていたのか、計算も確認しながら詳しく見ていくことにしましょう。

第3法則も、その記述はケプラーの時代における最外殻の惑星である土星の数値データに基づいて説いたものとなっています。しかし、ケプラーの説いたその法則は、太陽系に属するすべての惑星が従う法則なのです。では、原文を計算を交えて検証していきましょう。

ケプラーの第3法則（『宇宙の調和』第5巻、第3章、第8）

第3法則の原文（Part1）

任意の2つの惑星公転周期の比が、正確にそれらの平均距離—楕円軌道の平均距離は長軸よりも少し短い完全な球の大きさ—の比の2分の3乗となることは、絶対に確かであり厳密である。(P103)

原文（Part1）の読み解き

2惑星の公転周期をT_1, T_2としてその比$\left(\frac{T_2}{T_1}\right)$は、軌道の平均距離を$R_1$, R_2としてその比$\left(\frac{R_2}{R_1}\right)$の2分の3乗に等しいことを意味しています。それを式で表すと次のようになります。

$$\Rightarrow \quad \frac{T_2}{T_1} = \left(\frac{R_2}{R_1}\right)^{\frac{3}{2}} = K_{12}\ （定数） \qquad (4.1)$$

これは次のように書き直すことができます：

$$\Rightarrow \quad \frac{{T_1}^2}{{R_1}^3} = \frac{{T_2}^2}{{R_2}^3} = K \text{（定数）} \qquad (4.2)$$

これが任意の2つの惑星に対して成り立つので、周期の2乗と平均距離の3乗の比は一定となります。

式（4.1）では、選んだ2つの惑星に対して、$\frac{T_2}{T_1}$の時間の比も$\frac{R_2}{R_1}$の距離の比も共に無次元量となって一致することを示しています。ところがその値K_{12}は、選んだ2つの惑星ごとに異なります。

式（4.2）も、任意の2つの惑星について成り立ちますが、1の惑星でも2の惑星でも同じ値Kとなることを示しています。よって任意の惑星について、周期Tの2乗と平均距離の3乗の比は一定のKとなります。これが、式$T^2 = KR^3$で表される第3法則です。Kの数値は、周期の時間の単位の選び方（秒、時、日、年、……）および距離の単位の選び方（m、AU、光の到達時間の秒、……）によって異なってきますが、全ての惑星に対して同じ値となります。

第3法則の原文（Part2）

もし、公転周期の比、例えば1年である地球と30

年である土星の比の3分の1乗すなわち3乗根をとって、それをさらに2乗すると、厳密に正しく太陽から地球と太陽から土星の平均距離の比の値を結果として得られる。というのも、1の3乗根は1、その平方は1。また、30の3乗根は3より大きい、したがってその2乗は9より大きい。さらに、太陽と土星の平均距離は、太陽と地球の平均距離の9倍より少し大きい。(P103)

原文（Part2）の読み解き

地球と土星の例

例としての地球と土星の周期と平均距離は次のとおりです。

地球の周期　$T_1 = 1$年
地球の平均距離　$R_1 = 1$ AU

土星の周期　$T_2 = 30$年
土星の平均距離　$R_2 = 9.\cdots$AU

土星を選んだのは、最も遠い惑星でも、第3法則が成り立つことを誇らしげに見せようと思ったのではないでしょうか。ただし、ケプラーはこの数値例では、Part1の式（4.1）ではなく、周期の比を3分の2乗した式$\left(\frac{T_2}{T_1}\right)^{\frac{2}{3}}=\frac{R_2}{R_1}$を念頭においています。

地球の周期$T_1{}^{\frac{2}{3}}$について、1の立方根は1で、平方も1です。

よって、

$$T_1{}^{\frac{1}{3}}=1^{\frac{1}{3}}=1 \quad \rightarrow \quad T_1{}^{\frac{2}{3}}=(1^{\frac{1}{3}})^2=1$$

となります。次に、土星の周期T_2については、30の立方根は3より大きく、したがってその平方は9より大きいので、

$$T_2{}^{\frac{1}{3}}=30^{\frac{1}{3}} \quad \approx \quad 3.107>3$$

$$\rightarrow \quad T_2{}^{\frac{2}{3}}=(30^{\frac{1}{3}})^2=3.107^2>9.\cdots$$

となります。これより、土星の周期T_2と地球の周期T_1の比の3分の2乗の値が$\left(\frac{T_2}{T_1}\right)^{\frac{2}{3}}=9.\cdots/1=9.\cdots$となります。一方、土星は太陽からの平均距離が太陽から地球までの平均距離の9倍よりもいくらか大きいので9.…AUとなります。平均距離の比は

$\frac{R_2}{R_1} = 9.\cdots/1 = 9.\cdots$なので、周期の比の3分の2乗の値と平均距離の比の値が一致します。

$$\left(\frac{T_2}{T_1}\right)^{\frac{2}{3}} = \frac{R_2}{R_1} = 9.\cdots$$

これで、地球と土星について第3法則を検証することができました。

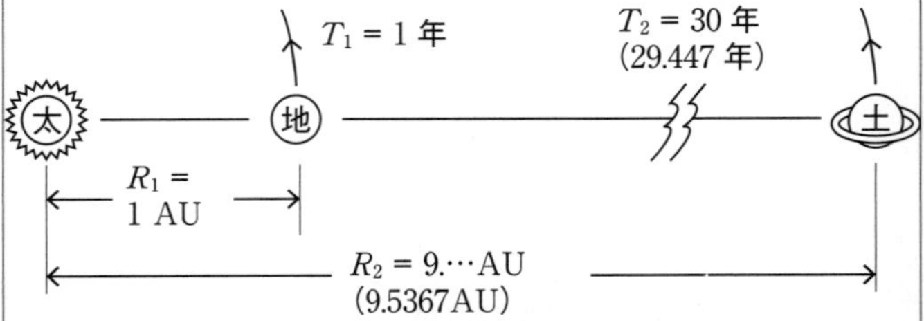

図4.25　地球と土星についての第3法則の検証例のための図。土星の周期T_2は約30年、太陽-土星間平均距離R_2は太陽-地球間平均距離1AUの9倍より少し大きいとしている。括弧内はNASAのデータ。

第5章

curves

時計──等時性と曲線

―ガリレオからホイヘンス―

ガリレオが発見したという振り子の等時性は近似的なものでした。ホイヘンスは、真の等時性をもつ振り子時計を追究してサイクロイドに辿り着きました。さらに円錐振り子を改良してもう1つの真の等時性を実現させるための曲線が放物線と半立方放物線であることを発見しました。このサイクロイド、および放物線と半立方放物線は、曲線における縮閉線と伸開線と呼ばれる関係にありました。それらは、真の等時性を実現させるだけでなく、微積分が誕生する前の17世紀においてさえも、困難だった曲線の周長を求める問題の解決の糸口となったものです。

5.1　ガリレオの円弧振り子の等時性（近似）

ピサの大聖堂のシャンデリアの揺れと等時性

振り子の揺れを時計として使えるというアイデアは12世紀のアラビアにおいてすでにあったようです。それは、振り子の「等時性」によるものですが、その発見者はよく知られているようにガリレオ・ガリレイ（1564-1642）であるとされています。ガリレオの弟子ヴィンチェンツォ・ヴィヴィアーニ（1622-1703）が伝えるところによる有名な話として、ガリレオは哲学と医学を学んでいる若い頃※1、ピサの大聖堂の頭上のシャンデリアの振動周期が揺れ幅によらずに一定で

第5章の註►P.156

あることを、自分の脈拍と比べることによって確認したといいます。

ガリレオの発見した振り子の等時性とは、振り子の揺れ幅によらず、また重りの重さにもよらずに一定となることです。さらに、振り子が長いと振動数が少なく（周期が長く）、振り子が短いと振動数が多く（周期が短く）なることも実験で分かっていました。ガリレオが探究した振り子は、いわゆる単振り子ですが、重りが円弧を描くことから本書ではあえて円弧振り子と呼ぶことにします。というのも、後で述べるホイヘンスの真の等時性を持つ振り子の重りは、サイクロイドを描くので、それと比較させるためにそのように呼ぶことにします。次の図5.1は、長さの異なる円弧振り子を2つ並べて描いたものです。

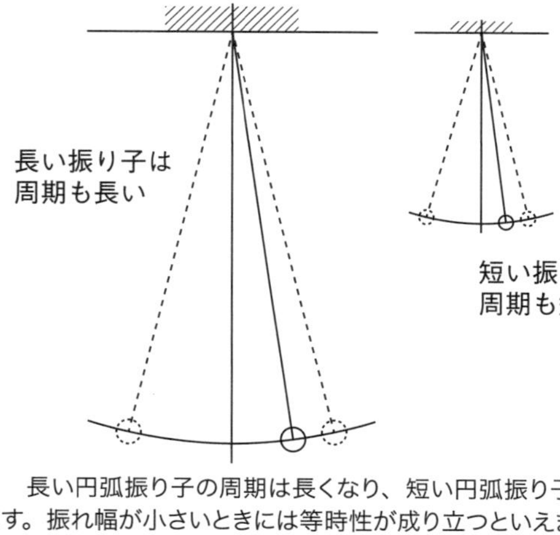

図5.1　長い円弧振り子の周期は長くなり、短い円弧振り子の周期は短くなります。振れ幅が小さいときには等時性が成り立つといえます。その周期は長さの平方根に比例します。

「時間を計るのに、
未来の『小道具』などに
頼る必要はない！
水で計れるのだ!!!」

図5.2　ガリレオの水滴ストップウォッチ。ガリレオは、細い管から流れでる水を指で止めたり離したりして水量を量ってストップウォッチとしていました。

ガリレオは、水槽から細管を通して流れ出る水を、指で押さえたり離したりして貯めた流出量の重さを天秤で量ることによって、ストップウォッチとして振り子の周期を測定しました。振り子の振動回数を数え、流れ出た水の量を正確に量ることによって、様々な長さの円弧振り子の周期を調べました。十分な振動回数を測定すれば、それだけ正確な周期が得られます。そして振り子が長ければ周期が長いということだけでなく、長さの平方根に比例することまで分かっていました。

しかし、等時性は、揺れ幅が十分に小さいときだけ近似的に成り立つ性質です。振れ幅が小さいときの重りの運動は近似的に、直線上をバネによって動く重りの単振動と同じ運動方程式に従うことによります（図5.3）。振り子の長さをℓ、重力加速度を$g = 9.8\mathrm{m/s^2}$とすると、振り子の周期Tは、次のように表されます。

$$T = 2\pi\sqrt{\frac{\ell}{g}} \approx 6.28\sqrt{\frac{\ell}{9.8}} = 2.00\sqrt{\ell}$$

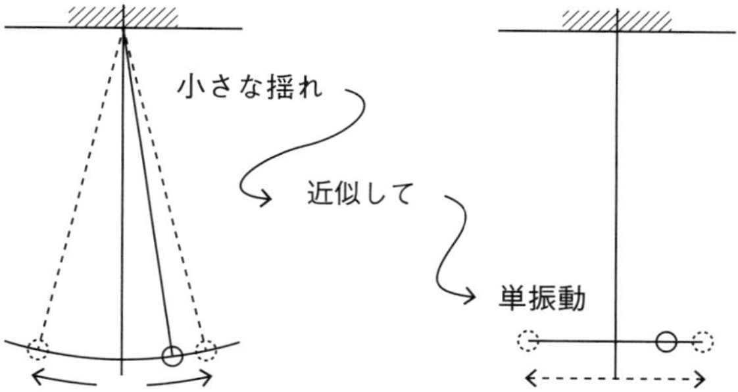

図5.3　振れ幅の小さな振り子は近似的に単振動と見なすことができます。すると、振幅の大きさにも重りの質量にも関係なく周期は一定となります。

この周期には重りの質量は現れないので、振り子の長さだけで決まります。しかも長さℓの平方根に比例します。具体的な周期として、振り子の長さが1メートルならば$T=2$秒、その4分の1の25センチメートルならば$T=1$秒となります。振り子は、「1メートル　⇔　2秒」と覚えておくのもよいでしょう。

振り子の周期について、ガリレオは、著書『天文対話』のなかで、次にように書いています。

サルヴィアチ「等しくない長さで吊り下げられた二つのもののうちで、長い紐に結びつけられているものは振動数が少なくありませんか、いって下さい。（中略）同じ振子はいつでも同じ時間で、その振動が大きくても小さくてもすなわち振子を垂直から大きくあるいは小さく離しても、往復するのですから。そしてその時間はまったく等しいことはなくても、ほとんど気づかれぬほどの違いです。このことは実験で示す

ことができます。」※2

大きな振れ幅の振り子の周期
—楕円積分

ガリレオの振り子の等時性は、近似的に成り立つことでした。振り子の振れの最大角度を α としましょう。すなわち、振り子は鉛直線とのなす角度が、$-\alpha$ から α まで変化します。

このときの振り子の周期を計算することは、急に難しくなって、普通の関数でも表すことはできずに、次のように積分として与えられます。

$$T = 4\sqrt{\frac{\ell}{g}}\int_0^1 \frac{dx}{\sqrt{(1-x^2)(1-k^2x^2)}} \quad \left(\text{ただし } k = \sin\frac{\alpha}{2}\right) \tag{5.1}$$

この積分は、数学や物理においていろいろなところで登場してくるとても重要な積分で、第1種楕円積分と呼ばれています※3。特に、この積分の形は、ルジャンドル－ヤコビの標準型と呼ばれています。振り子の振れの角度 α が大きくなっ

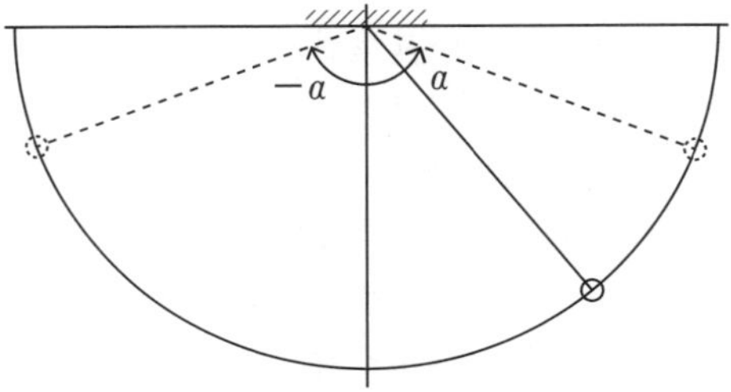

図5.4　揺れ幅が大きいときのガリレオ振り子。

第5章の註▶P.156

たときの周期を微小振動の周期 $T=2\pi\sqrt{\frac{\ell}{g}}\approx 2.00\sqrt{\ell}$ と比較すると、次のように必ず増加します。

角度30°のとき $2.036\sqrt{\ell}$　1.8％増
角度60°のとき $2.148\sqrt{\ell}$　7.4％増

5.2　ホイヘンスのサイクロイド振り子と真の等時性

大航海時代からの時計作りへの執念

オランダのクリスティアン・ホイヘンス（1629–1695）は時計作りに執念を燃やした人でした。時計作りへの執念といえば、ガリレオもそうだったといえます。この2人に限らず、大航海時代の幕開けからいまだに信頼のできる航海用の時計（クロノメーター）がなく、時計作りはまさに時代の要請でした。遠洋航海に出る船は、南北の緯度に関する位置は、夜は北極星などの恒星に頼ることができましたし、昼は太陽の高度からもある程度知ることができました。しかしながら、経度に関しては港を出てから何日経ったかとか、また船の速度はどのくらいかなど、かなり勘に頼るところがあったようです。イギリスでは、1707年に航路を見失ったために起きた海軍の大きな海難事故などがあり、巨額の賞金をだして経度をかなり正確に決めるための方法を募ったといいます。そのことからも、正確な時計作りは社会的要請でもあり、名を残すことのなかった人までも含めると多くの人が、時計作りに執念を燃やして取り組んだ時代だったといえます。図5.5は、ガリレオの設計図による時計が死後に製作さ

図5.5　フィレンツェのベッキオ宮殿で時を刻むガリレオの設計による単針時計。週に1分程度の誤差という精度に驚嘆。

れて、フィレンツェのメディチ家のベッキオ宮殿（現在は市庁舎）の塔で今でも時を刻んでいるものです。その時計は単針時計で、いまでも週に1分程度の誤差という精度を保っているといいます。

ホイヘンスの名は、光学および波動の伝播におけるホイヘンスの原理※4などで有名ですが、ここではホイヘンスの時計作りの執念に焦点を当てることにしましょう。ホイヘンスの時計作りのポイントは、数学的に真の等時性を追究したことでした。それは、「ある曲線」を探しだすことによって真の等時性を数学的に達成したことです。その曲線とは2つあって、1つはよく知られているサイクロイドです。もう1つ

第5章の註►P.156

は、あまり聞くことがないかもしれませんが、すでに第1章で出てきた半立方放物線です。1つの変数が2次で、もう1つが3次の2変数の関係式で表される曲線で、楕円曲線に近い仲間と言ってもよいかもしれません。

ホイヘンスの真の等時性へのステップ—概略

ガリレオの円弧振り子の等時性は、揺れ幅が小さいときだけに成り立つ近似的なものでした。ホイヘンスは、真の等時性をもつ振り子を2種類発見して、それぞれの振り子を使った時計も製作しました。1つは、この後の節で説明をするサイクロイド振り子と円錐振り子です。ホイヘンスのアイデアは分かってみれば、決して難しいことではないのですが、ガリレオの円弧振り子から、真の等時性をもつサイクロイド振り子に到達するまでの考え方の概略だけを、まずここで整理してステップ1〜4に分けて見ておくことにしましょう。ただし、ホイヘンスが本当にこのステップの順序通りに思考を重ねていったということではなく、振り返って整理してみての解説だと思ってください。

ステップ1　ホイヘンスはまず、振り子の重りが描く軌跡に注目します。すると、ガリレオの振り子は、いままでも円弧振り子と書いていたように、重りが円弧を描きます。振り子の等時性を追究しているのですが、とりあえず、重りの描く曲線に注目するのです。振り子の糸のことは、しばらく忘れて、重りの軌跡の曲線だけを考えます。

ステップ2　ホイヘンスは、真の等時性をもつ円弧に代わる曲線を数学的に考えました。次の図5.6の実線は、ガリレオの円弧振り子の円弧を表しています。最下点の近くだけで往復する重りは、等時性があるといえました。ところが、重りの揺れ幅が大きくなると、1回の揺れの時間は長くなります。それは、振り子の場合、糸が長いと揺れの時間は長くなることと関係しています。それで、ホイヘンスは、糸が短ければ揺れ幅が大きくても、1回の揺れの時間は長くならずにすむのではないかと考えました。ということで、最下点から離れていくにつれて、円の半径が縮んでいくような曲線が重りの軌道となればよいだろうと思ったのです。そんな感じで、真の等時性曲線は、実線で描いた円弧よりも、すこし狭まった形になるはずだとして、図の破線で示したような曲線を候補として想定しました。

ステップ3　ホイヘンスは、破線で描いた真の等時性をもつ曲線を、実験を重ね、数学を使って追究していきました。そうして辿り着いたのが、サイクロイドだったのです。サイクロイドは、第1章の図1.1でも示しましたが、P140の図5.10のように、半径がaの円を回転させたときに、円周上の1点が描く曲線です。深さは、円の直径と同じなので$2a$となり

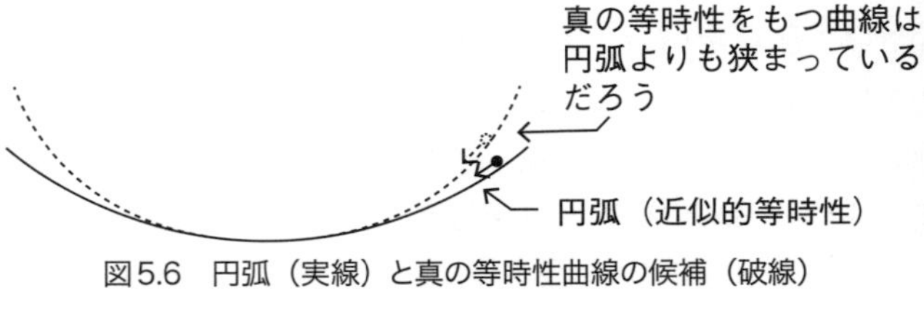

図5.6　円弧（実線）と真の等時性曲線の候補（破線）

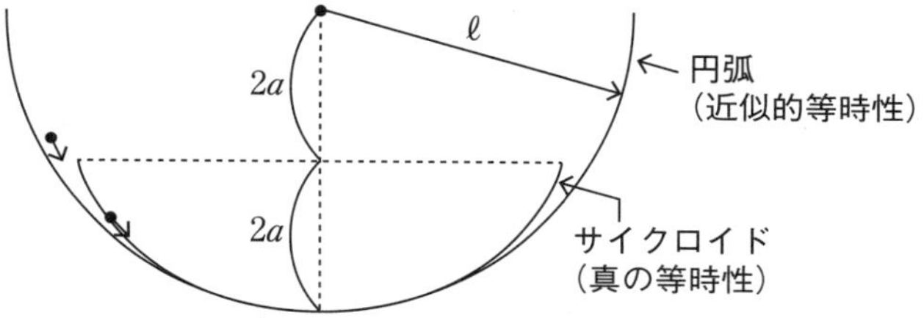

図5.7　ホイヘンスが発見した真の等時性を示すサイクロイドと近似的等時性をもつ円弧との比較図

ます。このサイクロイドの深さ$2a$は、ガリレオの円弧振り子の半径ℓのちょうど半分であることを発見したのです。すなわち、$2a = \frac{1}{2}\ell$となったのです。

ステップ4　真の等時性をもつサイクロイドを発見しましたが、ホイヘンスの目的は時計を作ることでした。摩擦が0の理想的なサイクロイドを作って、さらに、摩擦のない重りを使えば、すぐに止まることなく真の等時性で振動する状態を作ることもできるはずですが、そんなことは実際には不可能です。しかも、時計を作るためには、歯車に揺れを伝達させるために、どうしても糸が必要となるのです。ということで、糸に結ばれた重りが動く軌跡がサイクロイドとなるためには、糸の支点が1点に固定されていたのでは、円弧を描いてしまうので、なんとか工夫をしなければならないと考えたのです。そうして、ホイヘンスは、糸の支点の近くで、何か適当な形状をした障害物に絡みつかせればよいということを思いついたのでした。

ということで、真の等時性をもつ曲線から時計へと発展していく次のステップは、この後のトピックスとなっていきます。ここで、ホイヘンスのもう1つの大事な発見について、1つだけ先に紹介してしまいましょう。実は、糸を絡ませるための障害物の形状も、なんと全く同じ大きさのサイクロイドだったのです。実に驚きです。

真の等時性振り子の追究1
—サイクロイド振り子

ホイヘンスは、ガリレオの円弧振り子が真の等時性をもたないので、それを時計の「時の刻み」の基本とすることはできないと考えました。というのも、振れの角度が大きくなると周期がゆっくりになってしまうということが難点だったからです。ところで、図5.1で示したように、振り子の長さが短くなれば、周期が短くなるということもよく分かっていました。ということで、振り子の糸の振れが大きくなれば、それに応じて糸が短くなるような仕掛けがあればよいと考えました。それで、ホイヘンスは吊るされた振り子の糸が左右に揺れるにつれ、まとわりつくような障害物を思いついたのです（図5.8）。糸がまとわりつく障害物の形状曲線のことを縮閉線（エボリュート）、糸の先の重りの描く軌道曲線は縮閉線に対して伸開線（インボリュート）と呼ばれます。

障害物の形状（縮閉線）によって、振れ幅が大きくなるにつれて、振り子の動く部分の長さが短くなります。よって振れ幅が大きいときの周期の遅れが解消されるのです。それによって重りの軌道曲線（伸開線）が決まってきます。そして振動周期が振れ幅によらずに等時性を示すように工夫をします。ホイヘンスは、振り子の等時性を実現するためにいろい

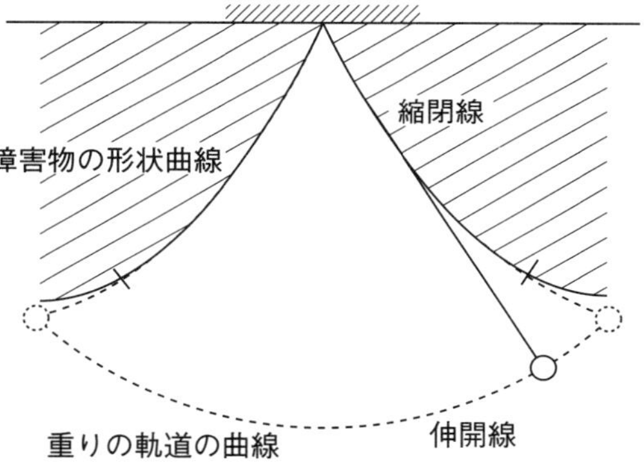

図5.8　ホイヘンスは、振り子の重りが描く曲線が等時性をもつように振り子の糸がまとわりつく障害物の形状（縮閉線）を探究しました。

ろな曲線を試行錯誤で試さなければならなかったのです。単に良い精度の障害物の形状を追究しただけではなくて、ホイヘンスのホイヘンスたるところはその曲線を数学的に発見したということでした。そして、重りの軌道曲線（伸開線）も、障害物の形状曲線（縮閉線）も共に同じ大きさのサイクロイドであることを発見したのです（1659年、図5.9）。ホイヘンスが、ガリレオからのバトンを受け取り新たに大きな歩を進めたことの1つが、この真の等時性をもつサイクロイド振り子の発見であったといえるでしょう。ホイヘンスは、若返ったガリレオと呼ばれることもあります。サイクロイドは、ガリレオが発見した曲線でした。また振り子の等時性を発見したのもガリレオでした。そのサイクロイドに真の等時性が秘められていることを、ホイヘンスが発見したのです。ホイヘンスは、まさにガリレオを引き継いだといえるでしょう（縮閉線と伸開線については章末のBOX 7を参照）。

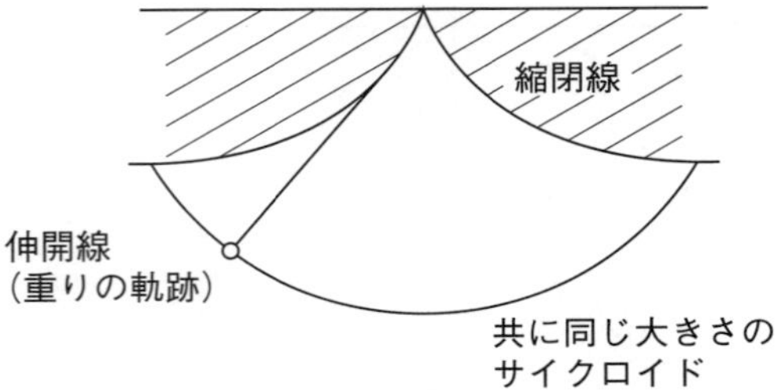

図5.9　縮閉線と伸開線が共に同形のサイクロイドとなります。

あらためてサイクロイドとは

サイクロイドは円が直線上をすべることなく回転するとき、円上の点が描く曲線です。本節では、振り子の重りの軌道曲線として、下向きのサイクロイドを考えます。図5.10で、aはサイクロイドの大きさを決めるパラメータで回転する円の半径であり、その2倍の直径$2a$が高低差となります。

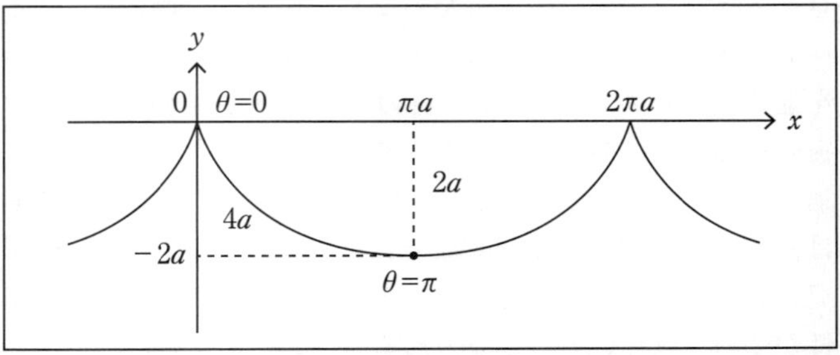

図5.10　下向きサイクロイド。パラメータaはサイクロイドを生成する円の半径です。すると深さは円の直径と同じ$2a$となります。円が1回転する間の移動距離は$2\pi a$で、サイクロイドの周長は$8a$です。

ホイヘンスとガリレオの振り子の周期の比較

深さが$2a$のサイクロイド振り子の周期Tは

$$T_{\text{サイクロイド振り子}} = 2\pi\sqrt{\frac{4a}{g}}$$

となります。一方、ガリレオが発見した円弧を描く振り子の微小振動の等時性による周期は、振り子の長さがℓならば近似的に$2\pi\sqrt{\frac{\ell}{g}}$でした。これらを比較します。

ガリレオの
円弧振り子の周期

$$2\pi\sqrt{\frac{\ell}{g}} \iff 2\pi\sqrt{\frac{4a}{g}}$$

ホイヘンスの
サイクロイド振り子の周期

すると、周期が一致するのは

$$\ell = 4a$$

のときであることが分かります。これは、サイクロイドの深さ$2a$が円弧振り子の半分の長さ$\frac{\ell}{2}$と一致するときとなっています（図5.11）。

ホイヘンスの振り子時計

ホイヘンスは、1673年に時計の研究を『振子時計（*Horologivm oscillatorivm*）』という本にまとめて出版しています。図5.12は、振り子の糸がサイクロイドの形状の障害物（縮閉線）にまとわりつくようにして、振り子の重りもサイクロイドを描くように工夫された時計の構造解説図です。

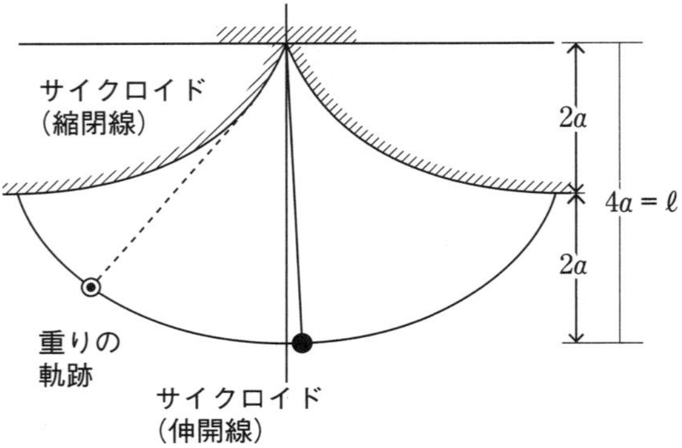

図5.11　ホイヘンスのサイクロイド振り子の周期を、長さがℓのガリレオの円弧振り子の周期と一致させるためには、サイクロイドの深さ$2a$をガリレオの円弧振り子の長さの半分$\frac{\ell}{2}$にすればよいのです。

実際の時計の振り子はさほど大きく揺らさなくてもよいので、振り子の障害物の形状（右上の「八の字形」）がまさに縮閉線のサイクロイドの一部分です。その裾拡がりの中央に振り子が吊り下げられています。振れ幅に応じて振り子の動く部分の長さが短くなるようにサイクロイド形障害物（縮閉線）にまとわりついて、振れ幅に関係なく周期が一定となるように工夫されています。図の左側は、時計内部の側面図。振り子の軌道（伸開線）も同じサイクロイドを描きます。右下が、時計の全体像です。

等時性とサイクロイド

等時性は次のように言うことができます。サイクロイドの任意の異なる2点から2つの異なる粒子を同時に初速度0で降下させたら、同時に最下点に到達するのです。さらに反対

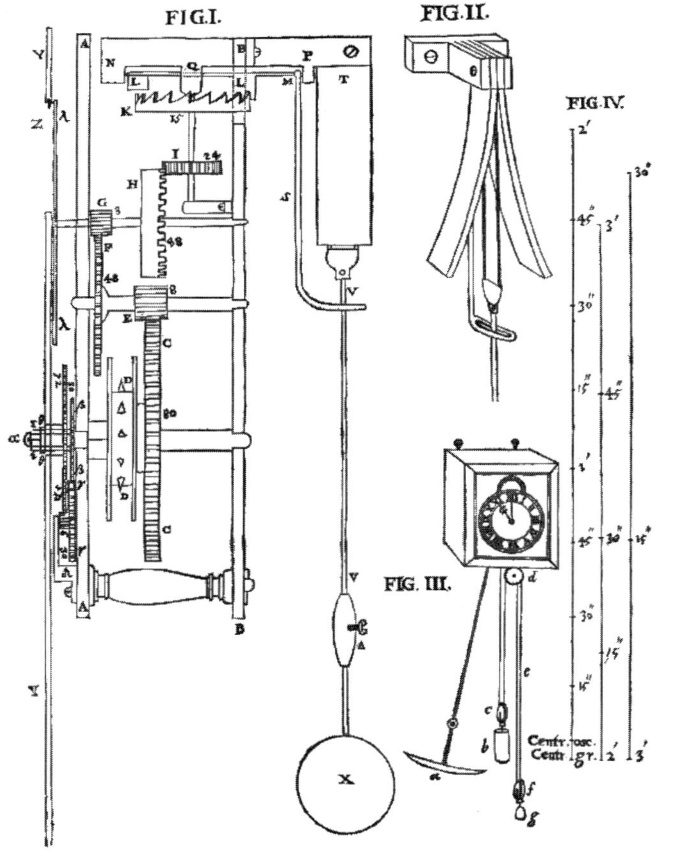

図5.12　『振子時計』に記載されているサイクロイド時計の図。右上に、振り子の障害物としての縮閉線のサイクロイドの一部分があります（八の字形）。振り子の軌道も伸開線として同じくサイクロイドを描きます。右下に時計の全体像が描かれています。［金沢工業大学ライブラリーセンター所蔵］

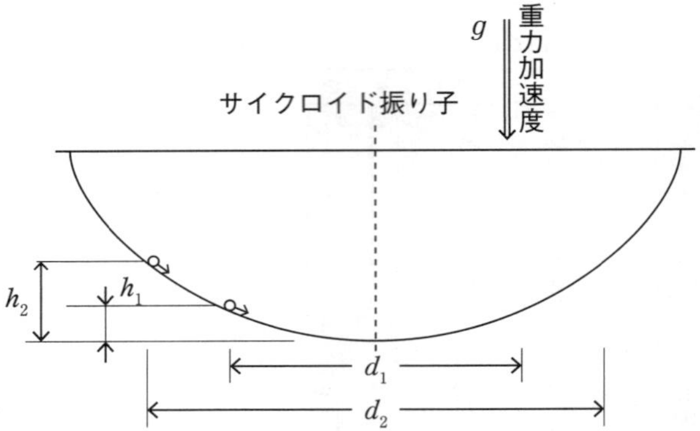

図5.13　サイクロイド振り子では、異なる振幅で振動する粒子も周期はすべて同じになります。あるいは、異なる高さから降下しても常に同じ時間で最下点に達するとも言えます。すなわち等時性です（後出の図5.15と比較してください）。

側を上ってそれぞれ元の高さまで同時に達するのです。すなわち、サイクロイドに沿って最下点を中心に振動をする様々な粒子が様々な振幅をもっていたとしても周期はすべて同じとなるのです（図5.13）。

最速降下線はサイクロイド

滑り台をすべり降りる粒子が初速度0で降下して最短時間で最下点に達するには、どのような曲線の滑り台にしたらよいかという問題が最速降下線の問題です（章末のBOX 5を参照のこと）。1696年にヨハン・ベルヌーイ（1667-1708）によって提起された歴史的に有名な問題で、ヨハンの兄のヤコブ・ベルヌーイ（1654-1705）による変分法の発端となりました。実はその答えはサイクロイドです。ヨハン・ベルヌ

図5.14　どの滑り台が一番速いか？
「まっててね～！　すぐいくよー」

ーイ自身も「その曲線はホイヘンスが見つけた等時性曲線と同じである」と報告をしています。その他、ニュートン、ヤコブ・ベルヌーイ、ライプニッツなども解答を寄せたといいます。その答えはサイクロイドなのですが、問題の設定からは「サイクロイドの片側」が正しい答えとなるでしょう（図5.15)。最下点に達する時間を問題にしていますから、さらに反対側に上っていく必要はありません。サイクロイド振り子（図5.13）における振動する重りが最下点に達するまでを問題にしたのが最速降下線だったといえます。サイクロイド振り子の重りはどんなに中心から離れたところまで振幅しようとも、等時性から往復時間は全て同じになります。ようするに、サイクロイドの等時性は、最速降下線がサイクロイド

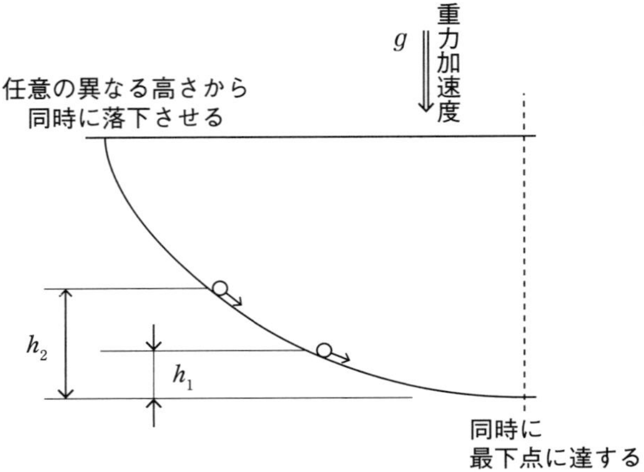

図5.15　最速降下線であるサイクロイドは、ホイヘンスのサイクロイド振り子の片側半分のことでした。任意の高さから落下する粒子はすべて同一時間で最下点に達します。それは、振幅の大きさに関わりなく同じ周期をもつサイクロイド振り子の性質と同じことです。最速降下線の問題と等時性の問題の本質は同じだったのです。図5.13と比較してください。

であることを異なる観点から言い換えたことになっていて、実は同じ現象なのです。

5.3　ホイヘンスの円錐振り子と半立方放物線

ホイヘンスは、円弧振り子を改良して、真の等時性をもつサイクロイド振り子を発見しましたが、さらに円錐振り子をもとにした真の等時性をもつ円錐振り子の製作に挑戦していきました。そして、半立方放物線が、真の等時性を実現するための曲線であることを発見しました。

円錐振り子は等時性をもたない

長さがℓの糸の先に重りをつけた振り子は、前節で見てきた鉛直面内を振動する振り子と同じものとします。ただし、重りの運動は、一定の水平面内で等速度で円運動させます。すなわち円錐振り子です。

円錐振り子の重りが一定の水平面内で円運動するための条件は、重りに働く下向きの重力と遠心力との合力が糸の張力と釣り合うことです。このとき、糸の方向は球面の法線方向と一致します。糸と回転の中心軸とのなす角度がθならば、円運動をする重りの周期Tは次のようになります。

$$T = 2\pi\sqrt{\frac{\ell\cos\theta}{g}} = 2\pi\sqrt{\frac{H}{g}}$$

したがって、周期Tは糸と鉛直線とのなす角度θによって変化しますが、それは糸の支点と円運動面の高低差Hによって変化すると見ることもできます。振り子はHの小さな高い位置の水平面上で円運動するときは速く回転し周期Tは小さくなります。また、高低差Hが大きいときは、ゆっくりと回転し周期Tは大きくなってしまうので、等時性は得られません。

$H = \ell\cos\theta$が変化 → 周期Tが変化 → 等時性なし

円錐振り子の等時性とは

では、円錐振り子の等時性とはどういうことでしょうか。円運動をする水平面の高さHによらずに、円運動の周期T

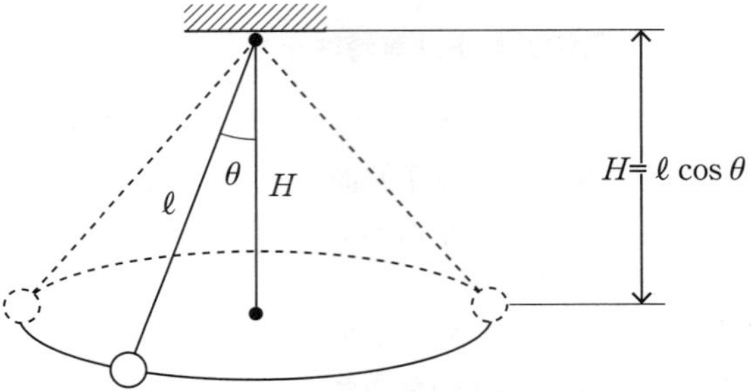

図5.16　円錐振り子は、振り子の糸が円錐を描きながら重りは一定の水平面内を等速度で円運動します。振り子の支点と円運動面の高低差は$H=\ell\cos\theta$です。

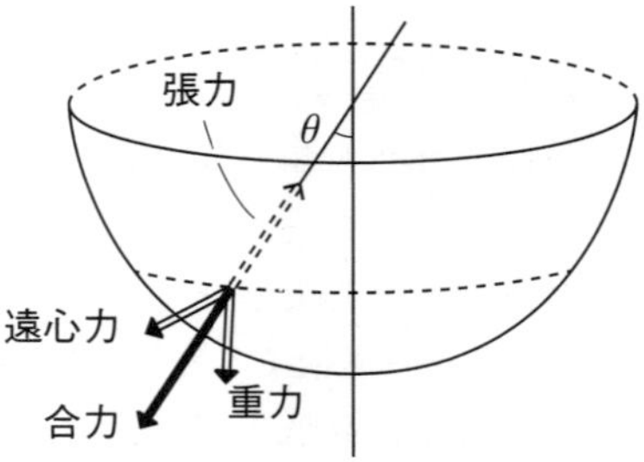

図5.17　重りは糸の長さと同じ半径の球面上を水平に円運動をすると見なすことができます。糸の張力は、重力と遠心力の合力と釣り合いますから、糸の方向は球面の法線方向となります。

が一定になることが、円錐振り子の等時性です。ホイヘンスは、球面に代わって円運動するときに重りが拘束される回転対称曲面を探し求めました。それは、水平な円運動面と振り子の支点との高低差がどの点においてもつねに一定となるような、曲面を探すことでした。

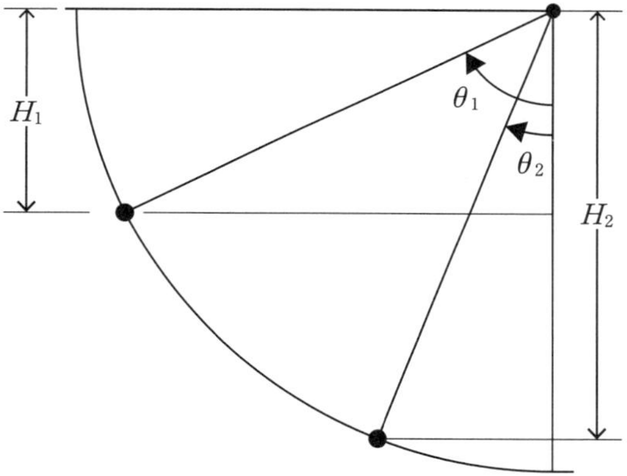

$$T_1 = 2\pi\sqrt{\frac{H_1}{g}} < T_2 = 2\pi\sqrt{\frac{H_2}{g}}$$

図5.18　振り子の支点と円運動面の高低差の違いによって周期Tは異なってしまいます。高低差Hが小さいと周期Tも短く、大きいと長くなります。等時性はありません。図は、任意の2点の位置で振り子が円運動するときの周期の違い（$T_1 < T_2$）を示しています。

等時性の条件（T一定）　⇔　高低差一定条件（H一定）

回転対称曲面なので、実際は回転させる曲線を見つければよいのです。すなわち、任意の2点P_1, P_2における法線がそれぞれ回転軸と交わる点との高低差H_1, H_2が、つねに一致すればよいのです。ホイヘンスは、そのような曲線は放物線であることを発見したのです（図5.19、章末の**BOX 6**を参照のこと）。

これで、探していた曲面が回転放物面であることが分かったので、その上を動く振り子の重りに働く力を図示したのが次の図5.20となります。

振り子の糸はどうなる？

ここで困ったことが起きました。回転放物面のときは、糸の方向である法線は球面のときと違って1点に集まらないのです。球面上の円錐振り子のように、糸の支点を軸上の1点に定めることができないのです（図5.21の上図）。そこでホイヘンスは、サイクロイド振り子と同じように、糸がまとわりつく曲面を用意することを思いつきました（図5.22）。（サイクロイドのときも述べましたが）ある曲線に巻かれた糸をピンと張りながらほどいていくとき、糸の先端が描く軌跡を

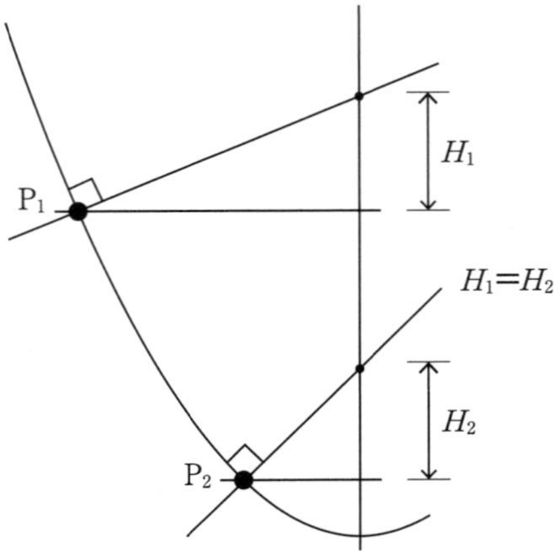

図5.19　ホイヘンスは、放物線の任意の点と、その点における法線とy軸との交点との高低差が一定になることに気が付きました。

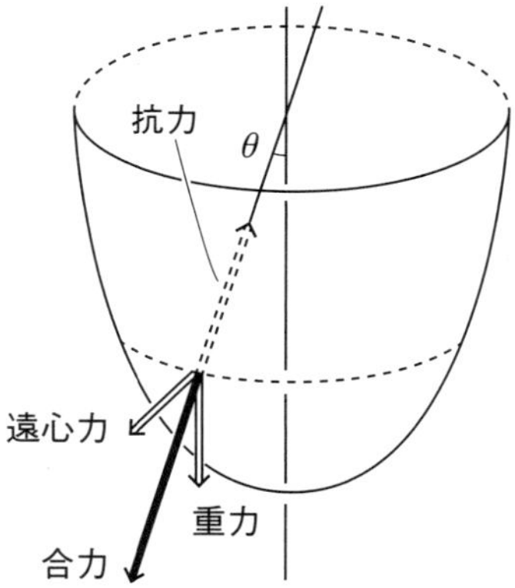

図5.20　重力と遠心力の合力が曲面の法線方向と一致します。すなわち、面の抗力と合力が釣り合うときにのみ水平面内での円運動がおきるのです。しかし、それだけでは等時性は得られません。どの位置の水平面内の円運動でも、同一周期にならなければならないのです。

その曲線の伸開線（インボリュート）といい、糸を巻いていた曲線を縮閉線（エボリュート）といいます（章末のBOX 7を参照のこと）。よって、放物線が伸開線となるので、それに対応する糸が巻きつく縮閉線を探すことになりました。

放物線の縮閉線は

ホイヘンスは、ついに伸開線である放物線の縮閉線が、半立方放物線であることを発見しました。具体的に放物線を$y = ax^2$と表したときに、縮閉線である半立方放物線の方程式は、次のようになります。

$$x^2 = \frac{16a}{27}\left(y - \frac{1}{2a}\right)^3 \qquad (5.2)$$

（BOX 7および次章の図6.3、6.4も参照のこと）

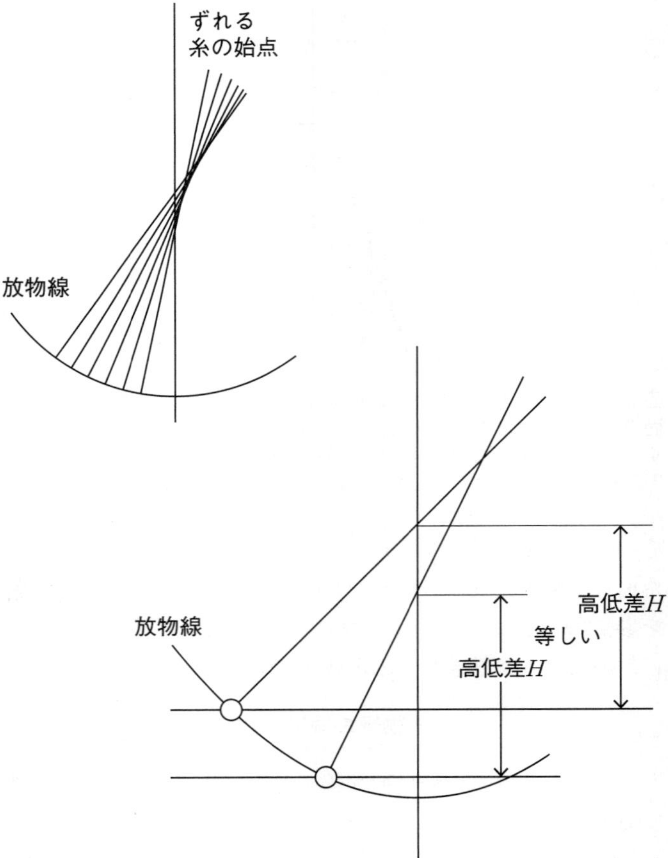

図5.21　回転放物面内で円運動するときはどの位置であっても高低差が一定となります（下の図）。すると、糸の長さは一定だから糸の始点はずれていってしまいます（上の図）。

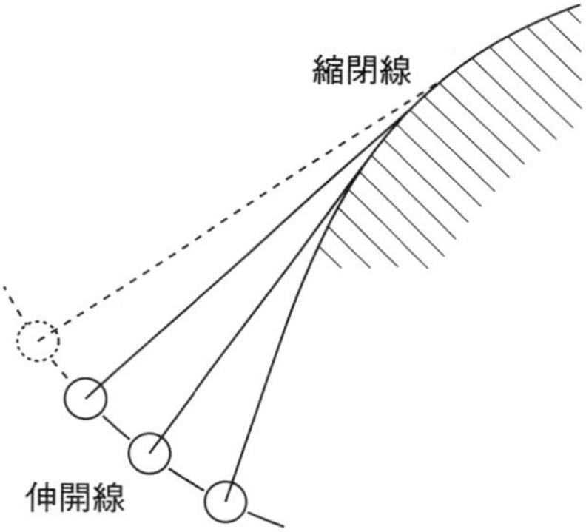

図5.22　ホイヘンスは、いろいろな傾きの糸がまとわりつく曲面（縮閉線）を用意すればよいと考えたのです。

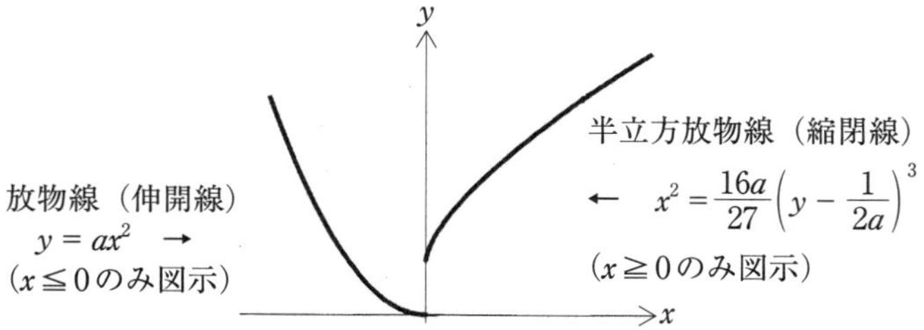

図5.23　放物線$y=ax^2$（$x \leqq 0$のみ）と半立方放物線（縮閉線）のグラフ（$x \geqq 0$のみ）。（このグラフでは$a=1$としました）

この縮閉線は放物線と同じくy軸対称ですが、上の図5.23では、放物線はy軸の左側だけを、半立方放物線は右側だけを図示してあります。真の等時性をもつ円錐振り子とするために、放物線の開き具合のパラメータaの値は、原理的には任意なのですが、実際に「時計」として製作するときには作りやすい形、大きさや材料の特性なども考慮してちょうど良いaの値を決めていくことになるのでしょう。

ホイヘンスの真の等時性の円錐振り子時計（1664年製作）

円錐振り子を改良して作った真の等時性をもつ時計の原理を示す概略図が、ホイヘンスの著書『振子時計（*Horologivm oscillatorivm*）』（1673年）の158ページに、描かれています（図5.24）。

ホイヘンスの真の等時性曲線とは—糸巻きの形と、ほどけた糸の描く曲線だった！

糸巻きの形が縮閉線で、ほどけていく糸の先端が描く曲線が伸開線でした。「糸」はまさに振り子時計の振り子の糸であり、糸の先端は振り子の重りです。ホイヘンスは、重りの動く軌跡が等時性を示すために、糸巻き（縮閉線）の形を追究したのでした。そして、そのような等時性振り子を2つ作って、そこで使われる曲線としてサイクロイドと半立方放物線を発見したのでした。

振り子時計	伸開線（糸の先端の軌跡）	縮閉線（糸巻きの形）
真の等時性振り子1	サイクロイド	サイクロイド
真の等時性振り子2	放物線	半立方放物線
（比較のための参考	インボリュート	円）

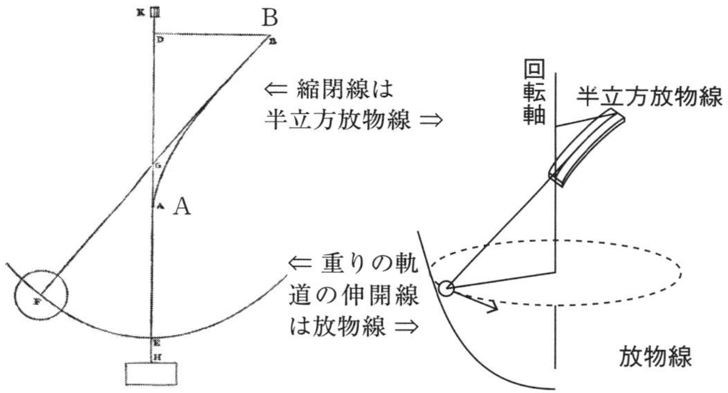

図5.24　ホイヘンス著『振子時計（*Horologivm oscillatorivm*）』（1673年初版本）の158ページに掲載されている縮閉線が取り付けられた円錐振り子の概略図。この糸の始点は回転軸からずれた点Bで、重りは放物面上を動き、糸がまとわりつく曲線ABはその縮閉線となります。［金沢工業大学ライブラリーセンター所蔵］

図5.25　左の図5.24の円錐振り子時計が回転する様子を表す図。

ホイヘンスの真の等時性をもつ円錐振り子において、現れた半立方放物線も、第4章のケプラーの第3法則と同じく、1つの変数が2次で、もう1つが3次の2変数の関係式で表された曲線でした。第1章でも述べましたが、これらは楕円曲線を含む1つのグループを形成しているとみなすことができるでしょう。

第5章の註

（P128）
1. 17歳とか、19歳だったとかの諸説があります。

（P132）
2. 『天文対話』上（岩波文庫）、pp.343-344、サルヴィアチ（ガリレオの考えを説く人）の台詞から引用。

（P132）
3. この積分の中に$\sqrt{(1-x^2)(1-k^2x^2)}$（$=y$と書く）があります。2乗して$y^2=(1-x^2)(1-k^2x^2)$となります。これは、P22で述べたようにyは2次、そしてxの4次式となります。すなわち楕円曲線です。

（P134）
4. 空間の各点から球面の素元波が発生してそれらの包絡線が波面を構成すると考えたのです。

BOX 5

最速降下線とサイクロイドと、……変分法

ヨハン・ベルヌーイは、一定重力gの下で摩擦のない坂道（滑り台）、すなわち曲線に沿って、粒子が降下していくとき、曲線の形状によって降下時間が短かったり長かったりすることに気がつきました。それで、どんな曲線ならば、最も短い時間で降下できるかを問題にしました。これが、最速降下線の問題です。その答えは、本文でも述べたように、サイクロイドです。では、どのようにしてサイクロイドであることが分かったのでしょうか。その解き方の概略の話です。

それを4つのステップに分けて見ていきましょう。降下曲線は、水平距離がxのとき、高さが$h(x)$であるとします。粒子は最初、高さがHの位置から初速度0で滑り出すものとします。図5.26は、粒子が水平距離xで、高さが$h(x)$の点を通るとき、速さが$v(x)$であることを表しています。

ステップ1［エネルギー保存則］：摩擦がないとしているので、粒子の出発点から到達点に達するまで、エネルギー保存則が成り立ちます。粒子（質量

をmとします）は、出発点では、位置エネルギーmgHだけをもちます。水平位置がx、高さが$h(x)$のときは、位置エネルギー$mgh(x)$と運動エネルギー$\frac{1}{2}mv(x)^2$の和が、粒子のエネルギーとなります。それらが保たれるので、次の式が成り立ちます。

エネルギー保存則 $\boxed{\frac{1}{2}mv(x)^2+mgh(x)=mgH(一定)}$

ステップ2 $\left[\textbf{速度 } v=\frac{\textbf{微小距離 } ds}{\textbf{微小時間 } dt}\right]$：粒子の速さ$v(x)$は、位置によって刻々と変化するので、その瞬間の微小距離dsを微小時間dtで割ったものになります。ここで、微小距離dsは坂道に沿って移動する距離で、$v(x)=\frac{ds}{dt}$となります。するとエネルギー保存則は、$\frac{1}{2}m\left(\frac{ds}{dt}\right)^2+mgh(x)=mgH$となりま

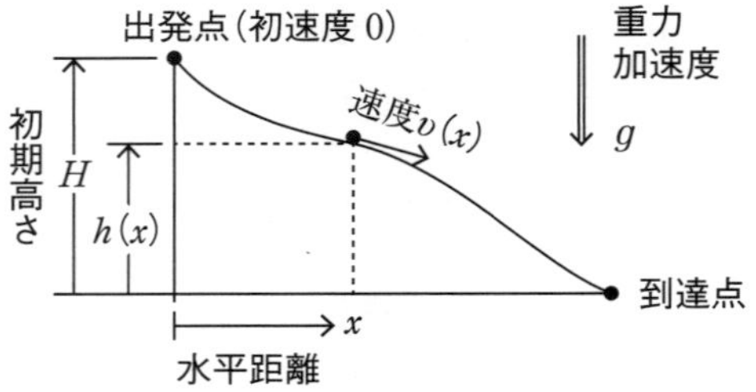

図5.26　最速降下線説明図

す。よって運動エネルギーは、$\frac{1}{2}m\left(\frac{ds}{dt}\right)^2 = mgH - mgh(x)$ のように、高さの差に相当する位置エネルギーの差と一致します。さらに、粒子の質量mで割れるので、$\frac{1}{2}\left(\frac{ds}{dt}\right)^2 = g(H - h(x))$ のように、単位質量あたりの運動エネルギーの式が得られます。

ステップ3［微小時間dtを決めよ］：単位質量のエネルギー保存則の式から、$dt = \frac{ds}{\sqrt{2g(H - h(x))}}$ となることが分かります。そこで、曲線に沿っての微小距離dsは、水平方向がdxの微小な1辺で、垂直方向は$dh(x) = h'(x)dx$のやはり微小な1辺の三角形の斜辺と見なすことができます。よって、微小な三角形におけるピタゴラスの定理から、$ds = \sqrt{1 + (h'(x))^2}\,dx$と表されます（図5.27参照）。これで、粒子が微小距離dsを通過する瞬間の微小時間dtが次のように得られました。

瞬間の微小時間 $$dt = \frac{ds}{\sqrt{2g(H - h(x))}} = \frac{\sqrt{1 + (h'(x))^2}}{\sqrt{2g(H - h(x))}}dx$$

ステップ4 $\left[\text{全時間は}\,dt\,\text{の寄せ集め} \Rightarrow \text{積分}\int dt\right]$：このような微小量を寄せ集めて全体の量を求めるためには、積分をします。その結果の全降下時間は、曲線に依存するので $T[h(x)]$ と書くことにしましょう。すると、この全時間は次のように積分で表されることになりました。

全降下時間 $$T[h(x)] = \int dt = \int \frac{\sqrt{1+(h'(x))^2}}{\sqrt{2g(H-h(x))}}dx$$

この先のステップは……それが変分法。ここから先は、変分法といわれる微積分をさらに発展させた数学が必要になります。全降下時間 $T[h(x)]$ を最小

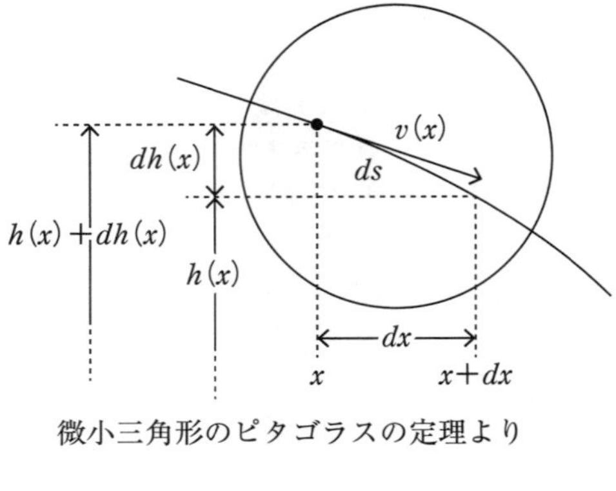

微小三角形のピタゴラスの定理より

$$ds = \sqrt{dx^2 + dh(x)^2} = \sqrt{1+(h'(x))^2}dx$$

図5.27　微小距離 ds を微小三角形の斜辺として近似して求める。

にするような曲線$h(x)$を決定するための条件を与えてくれる数学の理論です。そこで、オイラー方程式という方程式を解くと、この曲線$h(x)$がサイクロイドであると答えを出してくれるのです。

オイラー方程式によって$T[h(x)]$が最小となる条件が決まります。
⇒その条件を満たす曲線$h(x)$はサイクロイドだったのです。

メモ：この変分法の理論の枠組みの中で構築された力学のことを「解析力学」といいます。まさにこの最速降下線の問題から、変分法という新しい理論が展開していったのです。

BOX 6

ホイヘンスが注目した放物線の性質

放物線$y=ax^2$の任意の点$P(X, aX^2)$における法線の方程式は、

$$y=-\frac{x}{2aX}+aX^2+\frac{1}{2a}$$

です。この法線とy軸との交点Qの座標は$\left(0, aX^2+\frac{1}{2a}\right)$となります。したがって、放物線上の任意の点Pと$y$軸上の交点Qとの高低差は$\frac{1}{2a}$なので、一定になるのです。

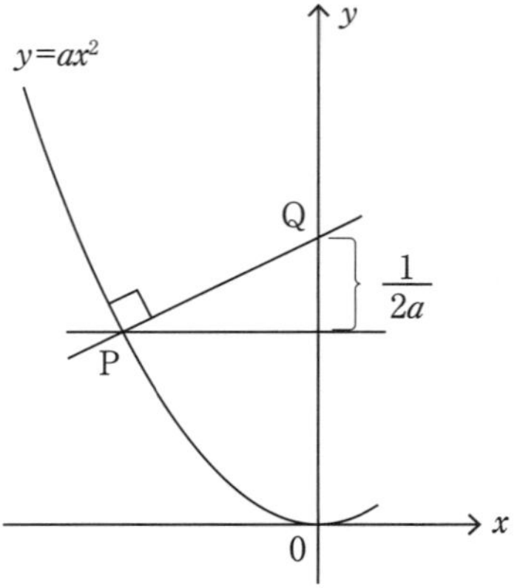

図5.28　ホイヘンスが注目した放物線の性質
(図5.19と比較参照のこと)

BOX 7

縮閉線と伸開線と曲線の曲率

縮閉線とは、これまで述べてきたように糸巻きの形状として、フィーリングは理解しやすかったと思います。そこでもう一歩踏み込んで、縮閉線と伸開線が曲率円および曲率半径によって特徴づけられることを見てみましょう。

2つの曲線があって、1つの曲線のすべての点における曲率中心の軌跡を縮閉線と呼び、縮閉線に対するもとの曲線を伸開線と呼びます。

曲線の任意の点における曲がり具合が一致する半径rの円があるとするとき、その円をその点の曲率円、rをその点の曲率半径といいいます（図5.29）。曲率中心とは、まさにその曲率円の中心のことで、

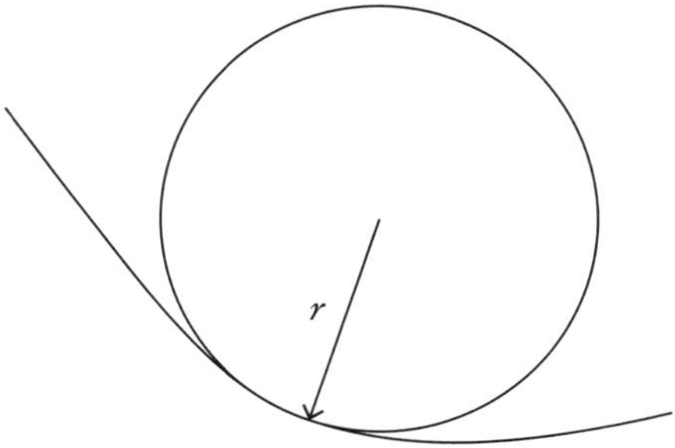

図5.29　曲線と曲率円と曲率半径

その軌跡が縮閉線となります（図5.30）。
　特徴をいくつか見てみましょう。

1. 伸開線と縮閉線を結ぶ線分は、伸開線にとっては法線で、縮閉線にとっては接線となります。

2. 適当な長さの糸の一端が縮閉線の上のある1点に固定されているとします。その糸を縮閉線にまとわりつかせている状態から徐々に剥がしていきます。そのとき、糸の先端が描く曲線が伸開線です。

3. 縮閉線が円のときは、伸開線はまさに円形の糸巻きの糸をほどいていくときに描く曲線でインボリュートです（図5.31）。（注：日本では、縮閉線が円

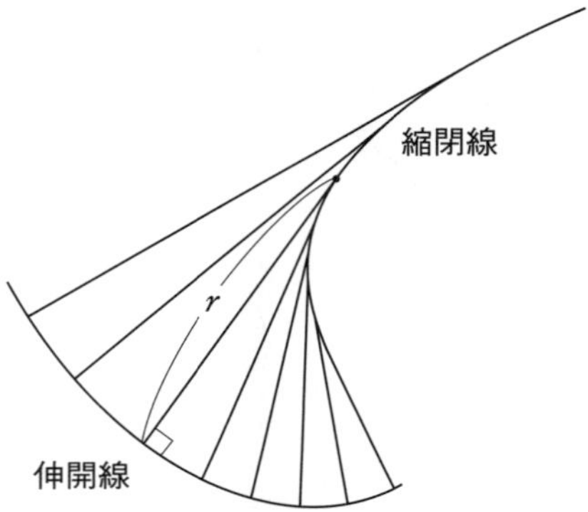

図5.30　曲線と曲率円

$$\begin{cases} x = a(\cos\theta + \theta\sin\theta) \\ y = a(\sin\theta - \theta\cos\theta) \end{cases}$$

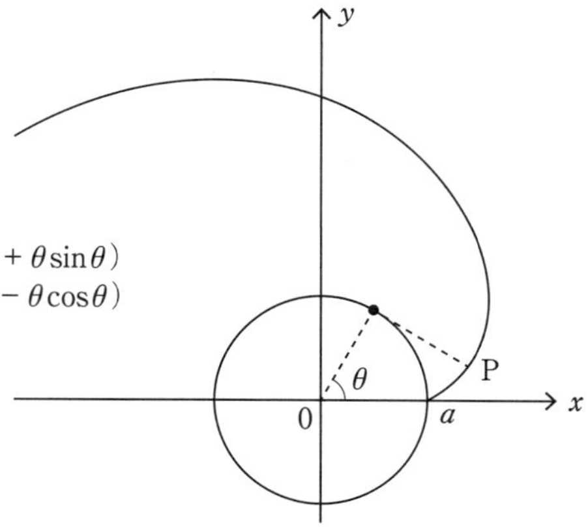

図5.31　円形の糸巻きを縮閉線として、糸をほどいていくときに糸の先端が描く曲線が伸開線としてのインボリュートです。

のときの伸開線を「インボリュート」といいますが、英語の「involute」は一般に「伸開線」のことをいいます。)

4. サイクロイドの縮閉線と伸開線は、共に同じ大きさのサイクロイドです（図5.9)。

5. 放物線が伸開線となるときの縮閉線（式5.2)が、半立方放物線となります（図5.23)。

第 6 章

curves

困難を極めた
曲線の周長問題

微積分が発明される以前、曲線の囲む面積や体積、重心などはかなり昔から計算をすることができていました。特に紀元前3世紀のアルキメデスによって、かなり複雑な図形についても計算をすることができていました。面積、体積および重心などの計算は、もちろん時代とともにさらに発展してきましたが、微積分が発明される以前は、17世紀に入ってさえも、曲線の周長を計算するという周長問題は依然として極めて難しい問題だったのです。

6.1 きっかけ—サイクロイド—レンの発見

17世紀に入ってからも、曲線の周長を計算する周長問題は解決の糸口さえ見つかっていませんでした。

サイクロイドの周長が分かった —レンの定理

そのような周長問題に関しては閉塞的な状況にありましたが、英国のクリストファー・レン（1632–1723）は、サイクロイドの周長はサイクロイドを生成する円の直径$2a$の4倍（サイクロイド振り子の長さ$l = 4a$の2倍）の$8a$であることを証明しました（1658年）。これはレンの定理といわれ、当時の人々にとって大きな衝撃だったようです。ホイヘンスによる、サイクロイド振り子の周期とガリレオの円弧振り子の周期が一致するときの比較から、サイクロイドの周長が$8a$であることが分かります。1659年1月16日付の手紙で、ホイヘンスは、「これは素晴らしい発見です。なぜならばこれは周長が測られた最初でしかも唯一のものでしょうから」と、さらにより一般の証明も与えたとも書いています※1。このレンの定理は、ホイヘンスのサイクロイド振り子に関する第5章の図5.11を見れば、すぐに理解できることです。

半立方放物線の周長も分かった

ホイヘンスは、半立方放物線が、真の等時性をもつ円錐振り子で糸をまとわりつかせる曲線となることを発見しました。放物線を伸開線とする縮閉線を見つけなければならなくなり、それがまさに式（5.2）で表された半立方放物線だったのです。その半立方放物線の周長は、ウィリアム・ネール（1637-1670）、ヘンドリック・ファン・ヒュラーフ（1634-1660）、それにあのフェルマーの最終定理のピエール・ド・フェルマー（1607頃-1665）もそれぞれ計算することができたとされています。

さて、ニュートンやライプニッツの微積分の以前に、いかにして周長を計算することができたか、その様子だけでも見てみることにしましょう。それは、実に単純なからくりだったのです。

6.2　縮閉線だから計算できた周長 —ほどいた糸の長さ

微積分を知っている私たちは、ある曲線$y=f(x)$の区間$[a, b]$における周長はどれだけかと問われれば、その曲線に対して積分$\int_a^b \sqrt{1+(f'(x))^2}\,dx$を計算すればよいことを知っています。ここで重要なことは、積分の計算の仕組みなどではありません。

さて、サイクロイドや半立方放物線での周長計算に成功した方法とは、縮閉線として対応する伸開線の情報も必要とするものでした。そこが積分とは決定的に異なっている点です。1つの曲線の周長を知るために、もう1つの曲線の助けが必要だというのです（ここで、一体何を言っているのだという声がかかってきそうですね）。

さて、P163のBOX 7「縮閉線と伸開線と曲線の曲率」の縮閉線と伸開線の図5.30を元にして描いた次の図6.1を見てください。縮閉線は伸開線の各点における曲率円の中心の点をつないでできている曲線です。その伸開線の近くの2点における2本の曲率半径に注目します。曲率半径は、縮閉線上にその曲率中心があります。また、その点において曲率半径は縮閉線の接線でもあります。

糸巻きの弧の長さは糸のほどいた部分の長さと同じ

ここで、曲率半径だとか、接線だとか、……数学の言葉を使わずに、糸巻きとほどいていく糸を考えましょう。知りたい周長の一部分P_1P_2は、糸巻き（縮閉線）の弧です。図6.1の右の図で、P_1P_2で弧にぴたっと接していた糸の先はQ_1まで伸びています。その点Q_1をつまんで、P_1P_2にまとわりついていた部分を剥がしていって、点Q_2まで持っていきます。すると、糸は真っ直ぐの線分P_2Q_2となります。もう、ここでほとんど答えが見えてきています。それで、弧$\overset{\frown}{P_1P_2}$の長さは、糸の長さP_2Q_2とP_1Q_1の差に等しいことが分かります。糸のまとわりついていた部分の長さは、ほどけた分の

$$\widehat{P_1P_2} = P_2Q_2 - P_1Q_1 = |r_2 - r_1|$$

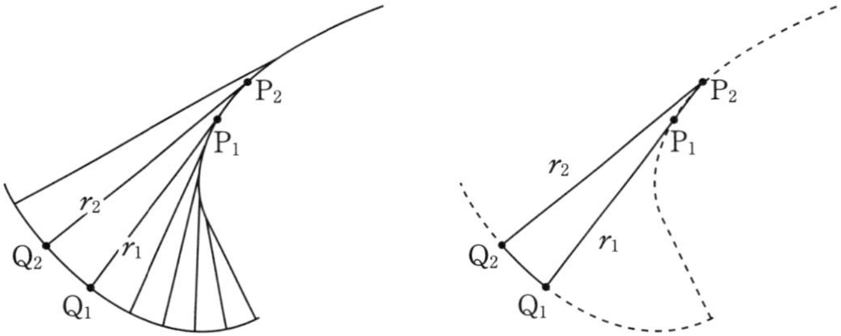

図6.1　糸巻き（縮閉線）上の近くの2点P_1P_2の間の弧にまとわりついていた部分の糸をほどくと、糸巻きからその分だけ糸が長く出てきます。その長さの差が、縮閉線上の弧$\widehat{P_1P_2}$の長さと一致します。これによって、曲線の長さを、真っ直ぐな「定規」によって測ることができたことになります。

糸の長さの差だということです。

等時性をもつ振り子を作りたいというホイヘンスの執念によって発見された2つの曲線—サイクロイドと半立方放物線—、そこから曲線の展開理論（伸開線と縮閉線の理論）が生まれました。曲率半径からは曲線の2階微分へとつながる芽が現れ、さらにはその後の微積分の力を得て微分幾何学への扉に向かう方向を示したとも言えるのではないでしょうか。

縮閉線のサイクロイドと伸開線のサイクロイド

サイクロイドを生成する回転円の半径をaとすると、サイクロイドの周長はすでに$8a$（サイクロイド振り子の長さの2倍）であることを見てきましたが、あらためて縮閉線の長さという観点から確認をしておきましょう。サイクロイドの伸開線も縮閉線も同じサイクロイドでした。分かりやすい図とするために、サイクロイドの半分ずつを使って伸開線と縮閉線を描いてみました（図6.2）。縮閉線の端点の1つと伸開線の端点の1つは同一点となります。それを$P_1 = Q_1$とすると、その間をつなぐ曲率半径は$r_1 = 0$です。それぞれの他方の端点をP_2, Q_2とすると、その間をつなぐ曲率半径は$P_2Q_2 = r_2 = 4a$となります。ここで、周長は、その両端の点における曲率半径の差ですから

サイクロイドの半分の周長

$$\boxed{\overset{\frown}{P_1P_2} = r_2 - r_1 = 4a - 0 = 4a}$$

となります。半分の周長の値が$4a$であることはそれなりに大事なことですが、もっと大事なことは数値はおいておいて、図6.2から、縦線P_2Q_2が縮閉線のサイクロイドのP_1P_2に

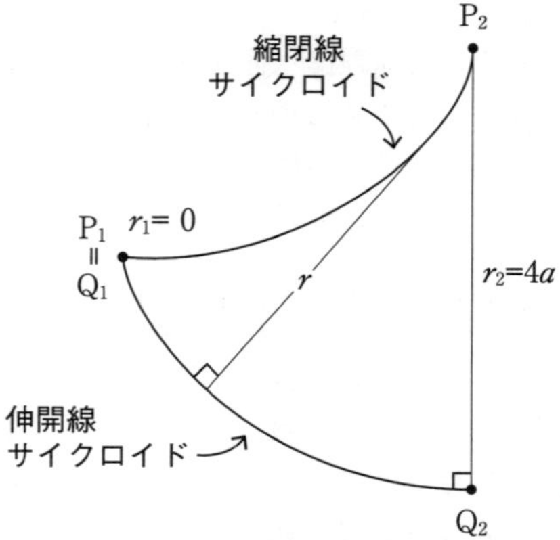

図6.2　サイクロイドの半分がそれぞれ縮閉線と伸開線になります。この図から、サイクロイドの半分の長さが$4a$であることが分かります。よって、全周長は$8a$となります。

まとわりつく様子を見てください（まさにホイヘンスのサイクロイド振り子の再現です）。そして、全部がまとわりついたとき、曲率半径P_2Q_2が曲線P_1P_2とぴったり一致することを目で確認してください。上の曲線が糸巻きで、下の曲線が糸の先端が描く曲線で、共にサイクロイドです。

縮閉線の半立方放物線と伸開線の放物線

半立方放物線（式（5.2）で$a=1$）の先端$P_1\left(0,\ \frac{1}{2}\right)$から適当な点$P_2$までの長さを求めることを考えてみましょう（図6.3）。まず、半立方放物線の伸開線である放物線（$y=x^2$）を描きます。半立方放物線上の2点P_1, P_2における接線を引いて、放物線との交点をQ_1, Q_2とします。P_1Q_1はQ_1における、またP_2Q_2はQ_2における放物線の曲率半径となっています（図6.4）。それは、P_1P_2にまとわりついていた糸が、ほどけてピンと張ったときにP_2Q_2となっているということで

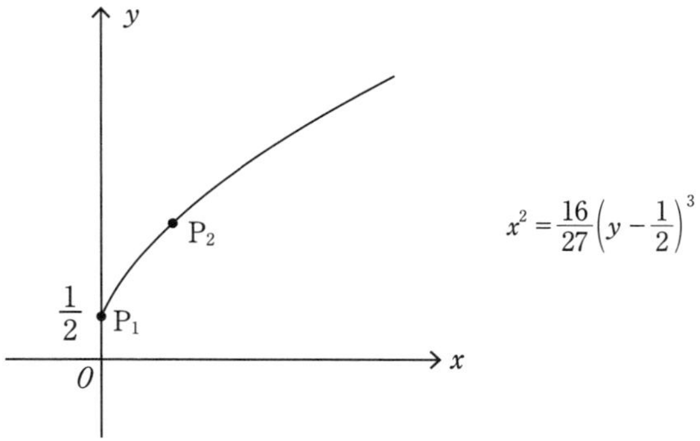

図6.3　半立方放物線の先端から適当な点までの長さを知りたい。

す。だから、半立方放物線上のP_1P_2の長さは、$P_2Q_2 - P_1Q_1$のように線分の差で表されます。P_1を$\left(0, \frac{1}{2}\right)$にしていますが、具体例として$P_2$を$\left(\frac{1}{2}, \frac{5}{4}\right)$としたとき、

半立方放物線の2点間の周長

$$\widehat{P_1P_2} = P_2Q_2 - P_1Q_1 = \sqrt{2} - \frac{1}{2} \approx 0.914$$

この半立方放物線（縮閉線）上の周長の計算を、微積分によって確かめてみるのも面白いでしょう。また、図をじっと

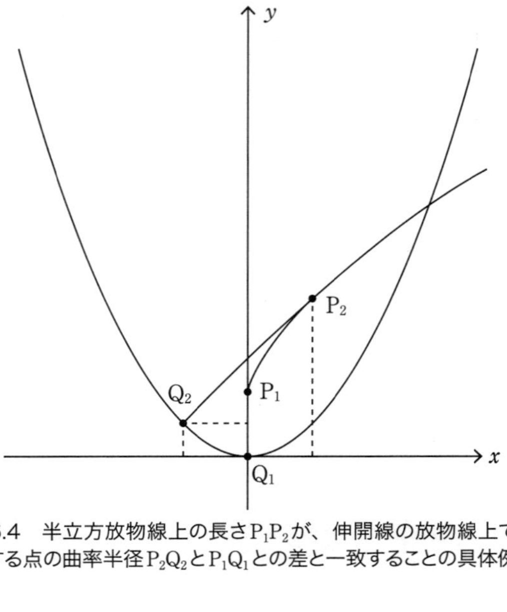

図6.4　半立方放物線上の長さP_1P_2が、伸開線の放物線上で対応する点の曲率半径P_2Q_2とP_1Q_1との差と一致することの具体例。

見て、P_1P_2の長さが、線分P_2Q_2とP_1Q_1の差に等しいと感じとることも大事です。

ここで、一言。私たちは微積分を知っています。だからこのような問題は、微積分で解けるということを知っています。実は、それが高じてときとして、微積分でないと解けないと思い込んでしまうことがありはしないでしょうか。微積分以前に周長計算の突破口を切り拓いた力は、とにかく「探究心」だったといえるでしょう。

6.3　楕円の周長は楕円積分

伸開線と縮閉線のからくり（糸と糸巻き）ではなく、微積分を使ったとしても、円をちょっと変形した楕円の周長を計算することは容易ではありませんでした。円は、直径が与えられれば、円周率$\pi = 3.14\cdots$を掛けることによって円周の値が得られます。楕円は円に最も近い曲線といえますが、事はそう簡単ではありません。

楕円の方程式：

$$\frac{x^2}{a^2}+\frac{y^2}{b^2}=1\quad(a>b)$$

離心率：$e=\sqrt{1-\dfrac{b^2}{a^2}}$

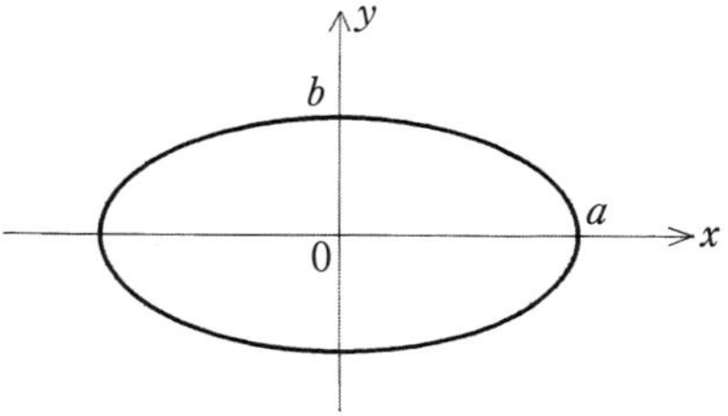

図6.5　標準の楕円のグラフ（図1.4再掲）

楕円の周長計算と楕円積分

周長を測ろうとする楕円の長径を$2a$、短径を$2b$とします。図6.5がそのグラフです。

実際、楕円の周長の計算は難しく、普通の関数で表すことができません。全周長の計算は、次のように積分で表されます。

$$\text{楕円の周長}：4a\int_0^1\sqrt{\frac{1-k^2x^2}{1-x^2}}\,dx$$

$$\left(0\leqq k=e=\sqrt{1-\frac{b^2}{a^2}}\leqq 1\right)$$

この積分は、極めて重要な楕円積分と呼ばれるグループに属す積分の1つで、第2種楕円積分と呼ばれます。楕円の周長に現れるだけでなく、その広い観点からeではなくkを使うことが定着しています。ここでは楕円の周長を表しているので「$k=e$」と書きました。円が楕円に変形し始めたとたんに、定数の円周率πのもつ役割は、円からの変形の度合いを表す離心率$k=e$の関数として、積分$2\int_0^1\sqrt{\frac{1-k^2x^2}{1-x^2}}\,dx$に取って代えられます。この積分の値は、離心率が$k=e=0$のときに、確かに$2\int_0^1\frac{1}{\sqrt{1-x^2}}\,dx=\pi$となります。楕円には、円周率のような魔法の数はありません。

6.4　正弦関数の弧長も楕円積分

楕円積分で周長が表される例として、正弦関数を忘れてはいけません。高校のときから、三角関数は知っているのですが、その弧長を計算する問題は出てきませんでした。なぜならば、やはり普通の関数で表すことができなかったからです。では、振幅や横幅もいろいろと取れるように、2つの定数a, bを使って、次のような正弦関数を考えましょう（図6.6）。

$$y = b\sin\frac{x}{a}$$

原点$x = 0$から、頂点の$x = \dfrac{\pi a}{2}$までの弧長は、やはり楕円積分で次のように表されます。

$$0 \leqq x \leqq \frac{\pi a}{2}\text{の弧長：}\sqrt{a^2 + b^2}\int_0^1 \sqrt{\frac{1 - k^2x^2}{1 - x^2}}\,dx$$

$$\left(k = \frac{b}{\sqrt{a^2 + b^2}}\right)$$

特に、$a = b = 1$の正弦関数$y = \sin x$の原点から頂点まで

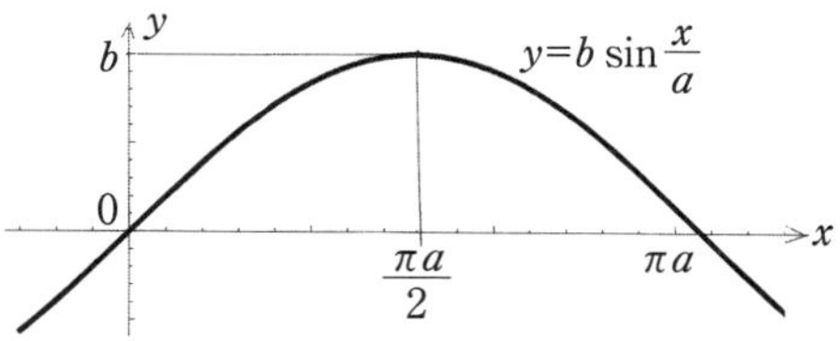

図6.6　正弦関数の弧長も楕円関数で表されます。

の弧長は$\frac{\pi}{\sqrt{2}} \approx 2.22$です。これは、原点と頂点$\left(\frac{\pi}{2}, 1\right)$を結ぶ線分の長さ$\sqrt{\left(\frac{\pi}{2}\right)^2 + 1^2} \approx 1.862$より、約19％長いことが分かります。

楕円の周長や正弦関数の弧長が、楕円積分で表されることが分かりました。第5章では、ガリレオの円弧振り子の周期（5.1）も楕円積分で表されることを見てきました。微積分誕生以前に、曲線の周長計算が極めて困難だったと述べましたが、その一因は、周長計算がそれまでに知られていた関数では表すことができなかったことにもあります。そして、積分として与えられて、それが楕円積分論に発展していきました。このように、楕円積分が意外と身近なところに現れることが分かったところで、本章を終えることにしましょう。

第6章の註

（P169）

1. F. Sloth, *Chr. Huygens' Rectification of the Cycloid*, Centaurus 13, 1969, pp.278–284.

第7章

curves

円とピタゴラスの定理

中学でも学んだピタゴラスの定理は、三平方の定理ともいわれますが、代数学におけるもっともシンプルな式の1つといえるでしょう。定理の式は、半径が1の単位円を使ってよく理解できることを示すのが本章の狙いです。というのも、次の章でピタゴラスの定理の一般化とみなされるフェルマーの定理を扱いますが、そこでは楕円曲線が登場します。どうしてこのような代数学の問題に、そのような曲線が登場するのかを、よく知っているピタゴラスの定理の場合で、おさらいしておきたいのです。

7.1　ピタゴラスの定理のおさらい

古代ギリシャのピタゴラス（紀元前580頃-紀元前500頃）の名を冠したピタゴラスの定理は実に広く知られていますが、まず定理を述べましょう。

ピタゴラスの定理

直角三角形において、直角に対する辺の上の正方形の面積は、直角をはさむ2辺の上の正方形の面積の和に等しい。

このピタゴラスの定理は、ユークリッド（紀元前3世紀頃）の『原論』の第1巻に記述があります。図7.1がピタゴラスの定理の記述部分で、よく知られた直角三角形の各辺の長さを1辺としてもつ正方形のついた図（左下）があります。

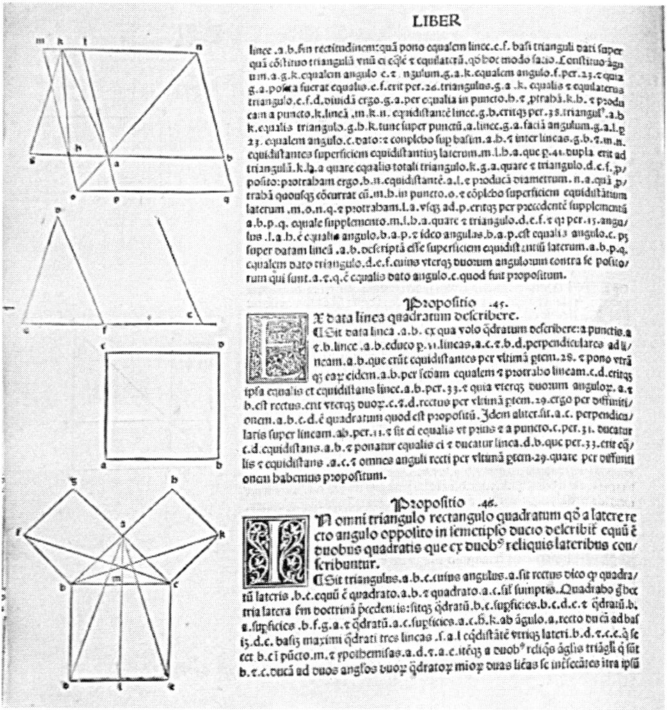

図7.1　ユークリッドの『原論』(*Elementorum Euclidis*)(1482年初版本)の中のピタゴラスの定理の証明と図。[金沢工業大学ライブラリーセンター所蔵]

ピタゴラスの定理を式で表現

この定理を式で表すと次のようになります。直角三角形の直角の対辺をc、直角をはさむ2辺をa, bと表すと、次の等式が成り立ちます（図7.2）。

$$a^2 + b^2 = c^2 \quad (a, b, c：正の実数) \tag{7.1}$$

この式をピタゴラス方程式と呼びます（それは次章の式(8.1）をフェルマー方程式と呼ぶことに対応しています）。定理の逆は、このような長さa, b, cの三角形があれば、aとbにはさまれる角度は直角であると主張することです。

定理を満たす3つの数（a, b, c）のいくつかはよく知られていて、次のような組がすぐに思い浮かぶでしょう。

実数からなる3つの数

$$1^2 + 1^2 = (\sqrt{2})^2,\ \ 1^2 + (\sqrt{3})^2 = 2^2,\ \ 5^2 + 8^2 = (\sqrt{89})^2,\ \ \cdots$$

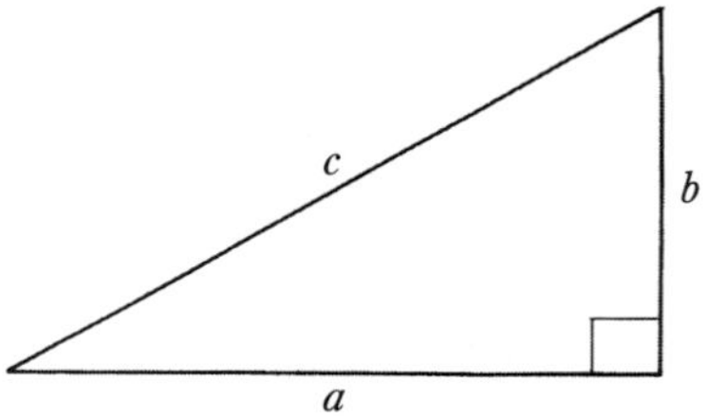

図7.2　3辺がa, b, cの直角三角形

自然数だけの3つの数

$$3^2+4^2=5^2,\quad 5^2+12^2=13^2,\quad 7^2+24^2=25^2,\quad \cdots$$

前者では、3つの数は実数から成り立っていて、無理数も含んでいます。実数からなる3つの数の場合は、2つの数を任意に選ぶことができて、残りの1つが必ず存在して確定します。例えば3番目の例で、$a=5,\ b=8$とすれば、$c=\sqrt{5^2+8^2}=\sqrt{89}$が決まります。また、$a=5,\ c=\sqrt{89}$を選べば、$b=\sqrt{\left(\sqrt{89}\right)^2-5^2}=8$が決まります。ところが、3つの数（$a,\ b,\ c$）がすべて自然数とすると、必ずしもそうなるとは限りません。

7.2　ピタゴラス数

3つの数（$a,\ b,\ c$）がすべて自然数の組で、ピタゴラスの定理の式（7.1）を満たすものをピタゴラス数といいます。ピタゴラス数は、どれだけあるか、どのようにして見つけることができるかなど、古代からピタゴラス数についていろいろなことが知られてきました。例えば、ピタゴラスは、nを任意の奇数とすると、次の3つの数はピタゴラス数となることを知っていました。

$$(a,\ b,\ c)=\left(\frac{n^2-1}{2},\ n,\ \frac{n^2+1}{2}\right) \tag{7.2}$$

ただし、この公式では、$c-a=1$という場合のピタゴラス数しか表せません。しかしながら、これからピタゴラス数

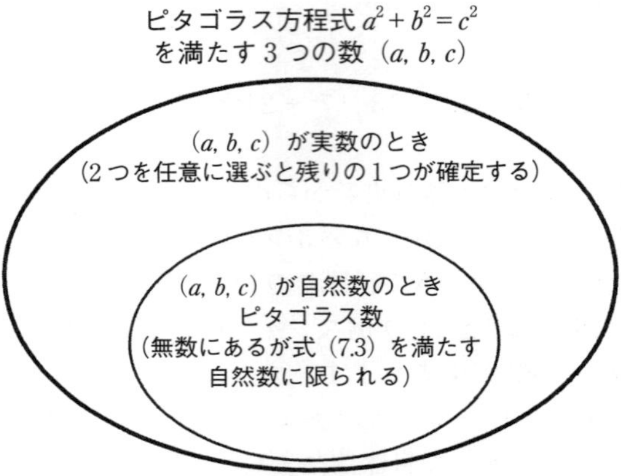
ピタゴラス方程式 $a^2+b^2=c^2$
を満たす3つの数（a, b, c）
（a, b, c）が実数のとき
（2つを任意に選ぶと残りの1つが確定する）
（a, b, c）が自然数のとき
ピタゴラス数
（無数にあるが式（7.3）を満たす
自然数に限られる）

図7.3　ピタゴラス方程式を満たす実数および自然数

は無限に存在することは分かります。

すべてのピタゴラス数を生成する公式

7世紀頃のインドの本に、ピタゴラス数を与える次の公式の記述があるといいます。3つの自然数 m, n, k（ただし $m > n$）を任意に選んで次のようにおくと、ピタゴラス数になります。

すべてのピタゴラス数を与える公式

$$\boxed{a = k(m^2 - n^2), \quad b = 2kmn, \quad c = k(m^2 + n^2)} \quad (7.3)$$

そして、10世紀頃のアラビアの本には、すべてのピタゴラス数は、この公式で与えられるという記述があるといいます。試しに、m, n, k に適当に自然数を入れてみてピタゴラス数になっているか確かめてみてください。とにかく、ピタゴラス数のすべてが、この公式で表されます。そして、あらためてピタゴラス数は無限個あることも分かります。

7.3　単位円上の有理点とピタゴラス数

ここからは、ピタゴラスの定理の式（7.1）の文字をx, y, zを使って表した方程式

$$x^2 + y^2 = z^2 \tag{7.4}$$

で考えていくことにしましょう。これらの変数x, y, zが実数をとるときは、任意に2つの値を指定すれば残りの1つが決まることはすでに知っていますので、3変数がすべて自然数となるピタゴラス数についてさらに考えてみましょう。

ピタゴラス数を有理数で考える

3変数x, y, zはすべて自然数とします。当然x, y, zは0ではありませんが、もし仮にピタゴラス数が存在しないとしたら、それを言うときに、「ピタゴラス方程式（7.4）は、$xyz = 0$しか解がない」という言い方をすることもあります。

まず、式（7.4）の両辺をz^2で割ると、

$$\left(\frac{x}{z}\right)^2 + \left(\frac{y}{z}\right)^2 = 1 \tag{7.5}$$

となります。さらに$X = \dfrac{x}{z}$, $Y = \dfrac{y}{z}$とおくと、これは単位円

になります。

$$X^2 + Y^2 = 1 \tag{7.6}$$

すると、$X = \frac{x}{z}$も、$Y = \frac{y}{z}$も単位円（7.6）上で、ともに0ではない有理数の点を表しています。そのような点を有理点といいます。公式（7.3）で与えられるピタゴラス数がx, y, zならば、次のように単位円上の有理点に対応することが分かります。

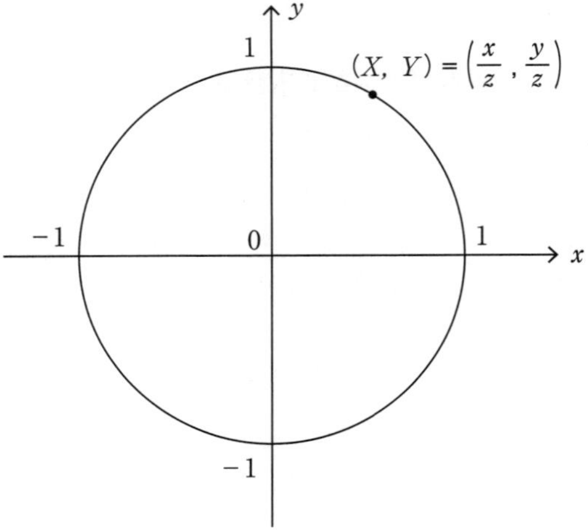

図7.4　ピタゴラス数は単位円上の有理点に対応。

すべてのピタゴラス数：

$$(x, y, z) = (k(m^2 - n^2),\ 2kmn,\ k(m^2 + n^2))$$

$$\Updownarrow$$

単位円上の有理点：

$$(X, Y) = \left(\frac{x}{z}, \frac{y}{z}\right) = \left(\frac{1 - \left(\frac{n}{m}\right)^2}{1 + \left(\frac{n}{m}\right)^2}, \frac{\frac{2n}{m}}{1 + \left(\frac{n}{m}\right)^2}\right)$$

例として、$m = 2, n = 1$、そしてkを任意の自然数としてみましょう。まず$k = 1$のときの（3, 4, 5）をはじめとし

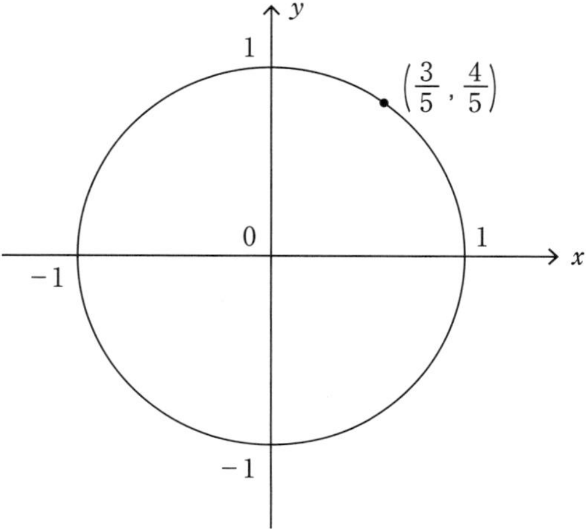

$\Leftrightarrow$ (3, 4, 5), (6, 8, 10), (9, 12, 15), …, (3k, 4k, 5k), …

単位円上の1つの有理点は無限個のピタゴラス数に対応

図7.5　ピタゴラス数は単位円上の有理点として表されますが、1個の有理点と無限個のピタゴラス数とが対応。

て、さらに$k=2, 3, 4, \cdots$に対してのピタゴラス数が次のように無限個得られます。

$$(3, 4, 5), (6, 8, 10), (9, 12, 15), \cdots, (3k, 4k, 5k), \cdots$$

これら無限個のピタゴラス数は、すべて単位円上の1つの有理点 $\left(\frac{3}{5}, \frac{4}{5}\right)$ に対応することが分かります。

単位円上の有理点の存在とピタゴラス数の存在

単位円上のどんな有理点も、ちゃんとピタゴラス数に対応しているか確かめておきましょう。ピタゴラス数が、単位円上の有理点に対応するという事実の逆が成り立つかどうかを意味しています。

単位円上の点（X, Y）が、有理点$\left(\frac{p}{r}, \frac{q}{r}\right)$（$p$, q, r：自然数）であるとします。すると、3つの自然数の組（p, q, r）はピタゴラス数になります。実際、$\left(\frac{p}{r}\right)^2+\left(\frac{q}{r}\right)^2=1$より、$p^2+q^2=r^2$となります。さらに、（$p$, q, r）に任意の自然数kを掛けたもの（kp, kq, kr）も明らかに、$(kp)^2+(kq)^2=(kr)^2$をみたすので、ピタゴラス数になります。したがって、任意の有理点があればそれに対して、必ずピタゴラス数が無限個存在します。

ピタゴラス数	→	単位円上の1個の有理点	→	ピタゴラス数（無限個）
(p, q, r)	→	$\left(\frac{p}{r}, \frac{q}{r}\right)$	→	(kp, kq, kr)

ここでは個数の対応よりも、それぞれの存在条件が一致していることが、最も重要なことなのです。

ピタゴラス数の存在　⇔　単位円上の有理点の存在

よく知られたピタゴラスの定理ですが、このように「円」という曲線上の点の座標が、有理数かどうかということに姿を変えて理解できることが重要です。まさに、このような問題のとらえ方が、次章でみていくフェルマーの最終定理の解決の大きな糸口となっていきました。

円周上の有理点の存在は当たり前ではないこと

さて、「単位円上に（0, ±1）や（±1, 0）でない有理点が存在するか？」と問われれば、すぐに簡単な例が見つかるし、そんな難しい問題ではないと感じるかもしれません。ところが、このような「曲線上に座標が有理数の有理点が存在するか？」という問題こそまさに「大問題」なのです。その大問題たることは、次章に譲るとして、ここでは単位円以外の円の例を示しましょう。そこで、単位円、半径が$\sqrt{2}$、$\sqrt{3}$の3つの円を比べてみます。

この半径の異なる3つの円について、単位円には無限個の有理点があることを見てきましたし、半径が$\sqrt{2}$の円には有理点（1, 1）があることはすぐに分かります。ところが、半径が$\sqrt{3}$の円には有理点は存在しないのです。曲線に有理点が存在するかどうかを判断することは、実に難しい問題なのです。実際、数直線上には有理数と無理数がぎっしりと詰まっています。2次元平面はそのような2つの数直線から成り

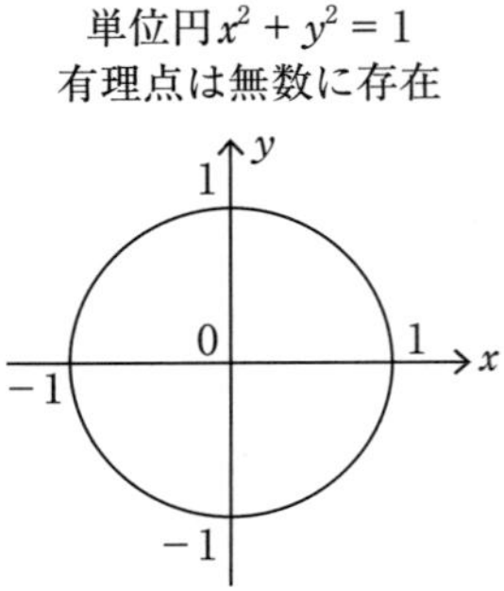

図7.6　単位円上には無限個の有理点が存在する。しかし、手書きで円周上に有理点をプロットすることなど、とうてい不可能です。

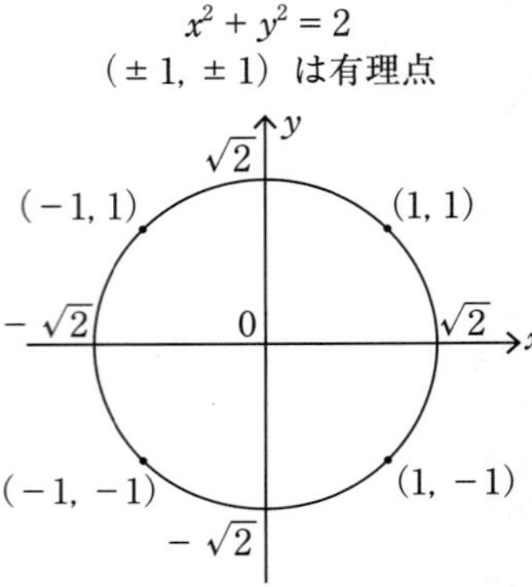

図7.7　$x^2+y^2=2$上の4点$(\pm1, \pm1)$は有理点として存在します。

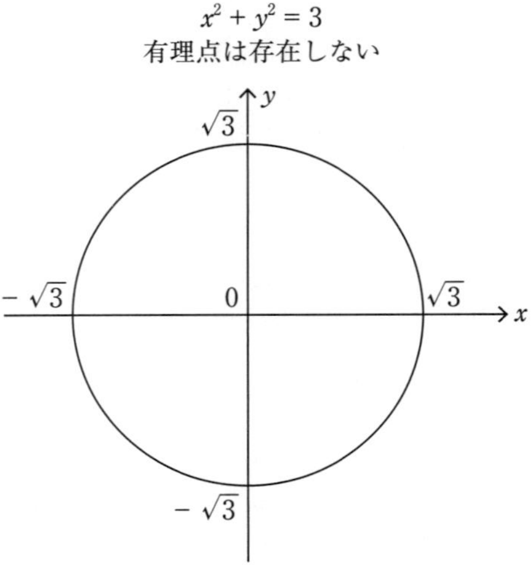

図7.8　$x^2+y^2=3$には有理点は存在しません。

たっていると考えると、やはりぎっしりと有理点が詰まっていることが分かります。このように考えると、単位円（図7.6）が無数の有理点上を通っていることが納得できるでしょう。ところが、半径$\sqrt{3}$の円$x^2 + y^2 = 3$（図7.8）は、ぎっしりと詰まった有理点を見事に避けて通っているのです。このように、曲線が有理点をもつかもたないかという判断は、目で見ただけでは決して判断できないことなのです。曲線上に有理点が存在するかどうかという問題は、整数論にとって極めて重要な問題です。

このようにピタゴラスの定理において、3つの数がすべて自然数であるというピタゴラス数となるためには、単位円が有理点を通るか否かという問題としてとらえられました。ピタゴラス数が無限個存在することは、単位円に無数の有理点が存在することに対応するという理解に至りました。すなわち、代数の性質を円という曲線で理解したのです。そこで次章でも、「円から楕円へ」と脱却して、楕円曲線が有理点をもつかどうかという点に問題がしぼられていき、あの代数学の大問題「フェルマーの定理」が完全解決された様子を見たいと思います。

第 8 章

curves

楕円曲線から
フェルマーの最終定理へ

—フェルマーからワイルズへ—

フェルマーの最終定理は、1995年にアンドリュー・ワイルズ（1953-）によって350年ぶりに証明されました。フェルマーの最終定理の解決は世界的ニュースとなり、多くの解説の書物が刊行されています。本書では、証明の攻略の歴史の最後の10年ほどにおいて出されたフライのアイデアによる楕円曲線がきっかけとなって、証明の道筋が切り拓かれた点に注目してみましょう。

8.1　フェルマーの最終定理とは

フェルマーの最終定理とは

フェルマーの最終定理：nが3以上のとき

$$x^n + y^n = z^n \tag{8.1}$$

というフェルマー方程式をみたす自然数x, y, zは存在しない。

紀元3世紀頃のギリシャのディオファントス（Diophantus）(246頃-330頃）は、『数論（*Arithmeticorvm*)』という著書を残しました。全13巻ありましたが、ギリシャ語の6巻とアラビア語の4巻が伝えられているといいます。そこには、多くの代数方程式の整数解や有理数解を求める問題と解説が記されています。1621年に、フランスのバシェ（1581-1638）は、ラテン語の訳本を著しました。それは訳本というよりも、ページの縦半分にギリシャ語、もう半分にラテン語が書かれた対訳本の体裁で書かれたものでした（図8.1）。ピエール・ド・フェルマーは、そのバシェ版の『数論』を入手して、本の中のそれぞれの問題に対応するあたりの空白に48個のコメントを書き付けていました※1。そのうちの47個のコメントは、フェルマーが実質的に証明したと認められるもの、および正しいことが認められるものでした。そして、350年もの間、正しいかどうか分からずに最後に1つだけ残されていたコメント（48個の内の第2番目）が、ピタゴラスの定理に関する第2巻の問題8に付けられていたものです。それで、「フェルマーの『最終』定理」と呼ばれるようになりました。証明が確定していなかったときは、「フェルマーの最終予想」とする方が正しいとも言われていました。いまや、証明が確定していますので、それまでも通常いわれてきたように、ここでは「フェルマーの最終定理」ということにします。

フェルマーが書いたコメントはもちろん肉筆だったでしょうが、フェルマーの死後に、息子のサミュエル・フェルマーが、バシェ版に書き入れたコメントも含めてちゃんとした本として1670年に出版しました。図8.1が、1621年のバシェ版の該当するページで、図8.2がフェルマーのコメントを記載した該当ページです。

ディオファントスの『数論』第2巻の問題8とは、ピタゴラスの定理の例題で、16を2つの平方数に分ける問題と、そ

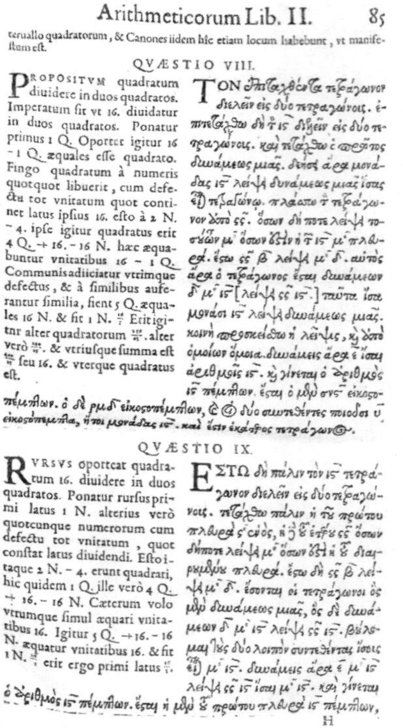

Arithmeticorum Lib. II. 85

teruallo quadratorum, & Canones iidem hic etiam locum habebunt, vt manifestum est.

QVÆSTIO VIII.

PROPOSITVM quadratum diuidere in duos quadratos. Imperatum sit vt 16. diuidatur in duos quadratos. Ponatur primus 1 Q. Oportet igitur 16 − 1 Q. æquales esse quadrato. Fingo quadratum à numeris quotquot libuerit, cum defectu tot vnitatum quot continet latus ipsius 16. esto à 2 N. − 4. ipse igitur quadratus erit 4 Q. + 16. − 16 N. hæc æquabuntur vnitatibus 16 − 1 Q. Communis adiiciatur vtrimque defectus, & à similibus auferantur similia, fient 5 Q. æquales 16 N. & fit 1 N. $\frac{16}{5}$ Erit igitur alter quadratorum $\frac{256}{25}$. alter verò $\frac{144}{25}$. & vtriusque summa est $\frac{400}{25}$ seu 16. & vterque quadratus est.

ΤΟΝ ἐπιταχθέντα τετράγωνον διελεῖν εἰς δύο τετραγώνους. ἐπιτετάχθω δὴ τὸν ις διελεῖν εἰς δύο τετραγώνους. καὶ τετάχθω ὁ πρῶτος δυνάμεως μιᾶς. δεήσει ἄρα μονάδας ις λείψει δυνάμεως μιᾶς ἴσας εἶναι τετραγώνῳ. πλάσσω τὸν τετράγωνον ἀπὸ ςς. ὅσων δήποτε λείψει τοσούτων μ ὅσων ἐστὶν ἡ τῶν ις μ πλευρά. ἔστω ςς β λείψει μ δ. αὐτὸς ἄρα ὁ τετράγωνος ἔσται δυνάμεων δ μ ις [λείψει ςς ις.] ταῦτα ἴσα μονάσι ις λείψει δυνάμεως μιᾶς. κοινὴ προσκείσθω ἡ λεῖψις, καὶ ἀπὸ ὁμοίων ὅμοια. δυνάμεις ἄρα ε ἴσαι ἀριθμοῖς ις. καὶ γίνεται ὁ ἀριθμὸς ις πέμπτων. ἔσται ὁ μὲν σνς εἰκοστοπέμπτων. ὁ δὲ ρμδ εἰκοστοπέμπτων, καὶ οἱ δύο συντεθέντες ποιοῦσι υ εἰκοστόπεμπτα, ἤτοι μονάδας ις. καὶ ἔστιν ἑκάτερος τετράγωνος.

QVÆSTIO IX.

RVRSVS oporteat quadratum 16. diuidere in duos quadratos. Ponatur rursus primi latus 1 N. alterius verò quotcunque numerorum cum defectu tot vnitatum, quot constat latus diuidendi. Esto itaque 2 N. − 4. erunt quadrati, hic quidem 1 Q. ille verò 4 Q. + 16. − 16 N. Cæterum volo vtrumque simul æquari vnitatibus 16. Igitur 5 Q. + 16. − 16 N. æquatur vnitatibus 16. & fit 1 N. $\frac{16}{5}$ erit ergo primi latus $\frac{16}{5}$.

ΕΣΤΩ δὴ πάλιν τὸν ις τετράγωνον διελεῖν εἰς δύο τετραγώνους. τετάχθω πάλιν ἡ τοῦ πρώτου πλευρὰ ς ἑνός, ἡ δὲ τοῦ ἑτέρου ςς ὅσων δήποτε λείψει μ ὅσων ἐστὶν ἡ τοῦ διαιρουμένου πλευρά. ἔστω δὴ ςς β λείψει μ δ. ἔσονται οἱ τετράγωνοι ὃς μὲν δυνάμεως μιᾶς, ὃς δὲ δυνάμεων δ μ ις λείψει ςς ις. βούλομαι τοὺς δύο λοιπὸν συντεθέντας ἴσους εἶναι μ ις. δυνάμεις ἄρα ε μ ις λείψει ςς ις ἴσαι μ ις. καὶ γίνεται ὁ ἀριθμὸς ις πέμπτων. ἔσται ἡ μὲν τοῦ πρώτου πλευρὰ ις πέμπτων,

H

問題8（QVÆSTIO VIII）
ピタゴラスの定理の例題

$$\frac{144}{25}+\frac{256}{25}=16$$

の記載がある。

図8.1　バシェの『数論』（1621年）のピタゴラスの定理の例題のページ。ギリシャ語版の翻訳として紹介されることが多いが、右側のギリシャ語に対して左側にラテン語の対訳が書かれた本です。[出典 *Diophanti Alexandrini Arithmeticorum libri sex*（1621）, ETH-Bibliothek Zürich, e-rara.ch, Signatur: Rar 9497 fol.]

Arithmeticorum Liber II. 61

internallum numerorum 2. minor autem 1 N. atque ideo maior 1 N. + 2. Oportet itaque 4 N. + 4. triplos esse ad 2. & adhuc superaddere 10. Ter igitur 2. adscitis vnitatibus 10. æquatur 4 N. + 4. & fit 1 N. 3. Erit ergo minor 3. maior 5. & satisfaciunt quæstioni.

IN QVAESTIONEM VII.

CONDITIONIS appositæ eadem ratio est quæ & appositæ præcedenti quæstioni, nil enim aliud requirit quàm vt quadratus interualli numerorum sit minor interuallo quadratorum, & Canones iidem hic etiam locum habebunt, vt manifestum est.

QVÆSTIO VIII.

PROPOSITVM quadratum diuidere in duos quadratos. Imperatum sit vt 16. diuidatur in duos quadratos. Ponatur primus 1 Q. Oportet igitur 16 − 1 Q. æquales esse quadrato. Fingo quadratum a numeris quotquot libuerit, cum defectu tot vnitatum quod continet latus ipsius 16. esto a 2 N. − 4. ipse igitur quadratus erit 4 Q. + 16. − 16 N. hæc æquabuntur vnitatibus 16 − 1 Q. Communis adiiciatur vtrimque defectus, & a similibus auferantur similia, fient 5 Q. æquales 16 N. & fit 1 N. 16/5 Erit igitur alter quadratorum 256/25. alter verò 144/25 & vtriusque summa est 400/25 seu 16. & vterque quadratus est.

OBSERVATIO DOMINI PETRI DE FERMAT.

CVbum autem in duos cubos, aut quadratoquadratum in duos quadratoquadratos & generaliter nullam in infinitum vltra quadratum potestatem in duos eiusdem nominis fas est diuidere cuius rei demonstrationem mirabilem sane detexi. Hanc marginis exiguitas non caperet.

QVÆSTIO IX.

RVRSVS oporteat quadratum 16 diuidere in duos quadratos. Ponatur rursus primi latus 1 N. alterius verò quotcunque numerorum cum defectu tot vnitatum, quot constat latus diuidendi. Esto itaque 2 N. − 4. erunt quadrati, hic quidem 1 Q. ille verò 4 Q. + 16. − 16 N. Cæterum volo vtrumque simul æquari vnitatibus 16. Igitur 5 Q. + 16. − 16 N. æquatur vnitatibus 16. & fit 1 N. 16/5 erit

H iij

図8.2　サミュエル・フェルマーの『数論』（1670年）のピタゴラスの定理の例題の直後にフェルマーのコメントの記述があります。［出典 *Diophanti Alexandrini Arithmeticorum libri sex*（1670), ETH-Bibliothek Zürich, e-rara.ch, Signatur: Rar 3625 q］

の解法の記述があります（図8.1、8.2）。その答えは$\frac{144}{25}+\frac{256}{25}=16$と書かれています※2。

余白に書かれたフェルマーのコメント

フェルマーの最終定理とされたコメントは、次のように書かれていました。

「3乗の数を2つの3乗の数に分けること、4乗の数を2つの4乗の数に分けること、さらに一般のべき数を2つのべき数に分けることは不可能である。この驚くべきことを証明したが、それを書くにはこのページの余白は小さすぎる」

8.2　小さなnからのフェルマーの定理

フェルマーが、『数論』の書き込みにあるように全てのnに対して、本当に証明していたとは信じられてはいません。しかし1630年代に、フェルマーが$n=4$の場合を証明していたことは確かでした。その他には、オイラーは、$n=3$の場合（1753年）も4の場合も証明しています。$n=3$の証明は1770年の著作に記されているといいます。$n=5$の場合は、ディリクレとルジャンドルが証明しています（1825年）。また、$n=7$の場合は、ラメ（1795-1870）が証明したといわれています（1839年）。もう一度年代を振り返ってみましょう。

・1630年代：$n=4$の場合は、フェルマーが証明したと認められています。

第8章の註►P.218

・1670年　：フェルマーの最終定理の書き込みのあるサミュエル版『数論』出版。
・1753年　：オイラーが$n=3$の場合を証明。フェルマーの$n=4$の証明から120年ほど、サミュエル版『数論』からも80年以上経っての一歩の踏みだし。
・1825年　：ディリクレとルジャンドルが$n=5$の場合を証明。オイラーの結果から70年経過。
・1839年　：ラメが$n=7$の場合を証明。ディリクレとルジャンドルの結果からさらに14年。フェルマーからはすでに200年以上経過。

このような、nの個々のケースに対しての証明はこれらだけではないのですが、すべての自然数nに対するフェルマーの最終定理を証明しようとしても、定理の主張のどれほどを証明したと言えるのでしょうか。そのような、否定的なことを言っていてもしかたがないのですが、個々のケースを当たってみることの重要性まで否定してはいけません。これらの個々のケースの証明自体が難しく、ここで示すことはとうていできません。特に、$n=3$の場合の証明は極めて難しいものでした。

個々のnからの脱却

その後、クンマー（1810-1893）が登場して、その当時の数学ではフェルマーの最終定理の証明はできないと指摘しました。クンマーは、個々のnに対してではなく、素数についての深い考察から$n=100$までのフェルマーの最終定理の証明を与えています。またクンマーの切り拓いた代数整数論によって、1990年代初め頃にはnが400万以下であれば定理は正しいといえるところまできていました。その他の研究も多々ありましたが、いずれにしても、フェルマーの最終定理に対しては、有限個のnに対してしか証明されていないことに変わりはありませんでした。

8.3　自然数の問題を有理数で考える

前の第7章7.3節で、ピタゴラス方程式$x^2+y^2=z^2$の自然数解（x, y, z）を単位円$X^2+Y^2=1$上の有理点（X, Y）＝$\left(\frac{x}{z}, \frac{y}{z}\right)$に対応させることを見てきました。すると、3変数の方程式よりも単純な2変数の単位円上で考えることができて、ピタゴラス数全体の見通しも良くなりました。

フェルマーの方程式も自然数解の存在が問題なのですが、やはり有理数の存在に置き換えて論じることができます。

フェルマー方程式$x^n+y^n=z^n$が自然数解をもつ

$$\Updownarrow$$

任意の有理式変換で移った代数曲線が有理数解をもつ

まず、フェルマー方程式（8.1）の両辺をz^nで割ると

$$\left(\frac{x}{z}\right)^n+\left(\frac{y}{z}\right)^n=1$$

となります。ここで、$X=\frac{x}{z}$, $Y=\frac{y}{z}$とおけば、2次元平面上の代数曲線

$$X^n + Y^n = 1 \tag{8.2}$$

となります。フェルマー方程式が自然数解をもつことと、この代数曲線（8.2）が有理点をもつこととが同値となるのです。このフェルマー方程式のグラフは、図8.3で描かれています。nが奇数のときと、偶数のときでは曲線のグラフの様子は少し異なっています。$n = 3, 5, 7$の奇数のときと、$n = 4, 6, 8$の偶数のときだけを分けて描いています。

フェルマーの最終定理が正しいかどうかは、図8.3に書き込まれた$n = 3, 4, \cdots, 8$のみならず、すべての自然数nに対しても代数曲線（8.2）が有理点を通るか否かを検証することにかかっています。もしも、すべてのnに対応する代数曲線を描き込んだとしたら、第1象限では、（1, 1）の角の点にグラフの線が無限に集中して個々の線は全く区別ができなくなってしまうでしょう。その無限の曲線がどの1本も1個の有理点も通過しないことが、フェルマーの最終定理が成立することに対応するのです。

ところで、$n = 3, 4$の場合のフェルマーの方程式について、有理点の存在を問う関係式に変換されるのですが、それが実は楕円曲線となるのです。まずフェルマー自身が1630年代に証明したとされる$n = 4$のフェルマー方程式が楕円曲線で表されることをみましょう。次にオイラーが1753年に証明した$n = 3$の場合をみることにします。

奇数次

$$X^3+Y^3=1 \qquad\qquad x^3+y^3=z^3$$
$$X^5+Y^5=1 \quad\Longleftrightarrow\quad x^5+y^5=z^5$$
$$X^7+Y^7=1 \qquad\qquad x^7+y^7=z^7$$

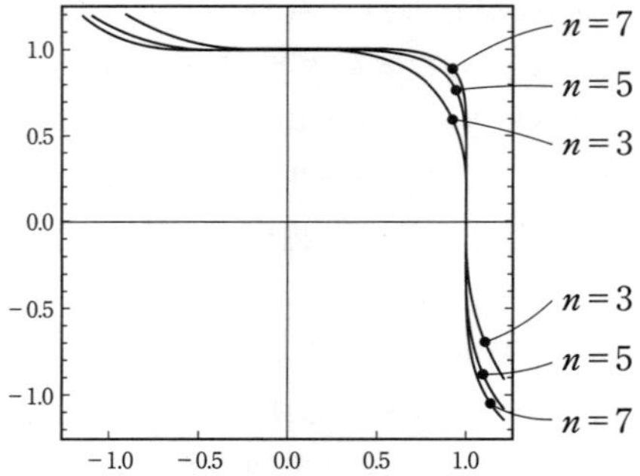

偶数次

$$X^4+Y^4=1 \qquad\qquad x^4+y^4=z^4$$
$$X^6+Y^6=1 \quad\Longleftrightarrow\quad x^6+y^6=z^6$$
$$X^8+Y^8=1 \qquad\qquad x^8+y^8=z^8$$

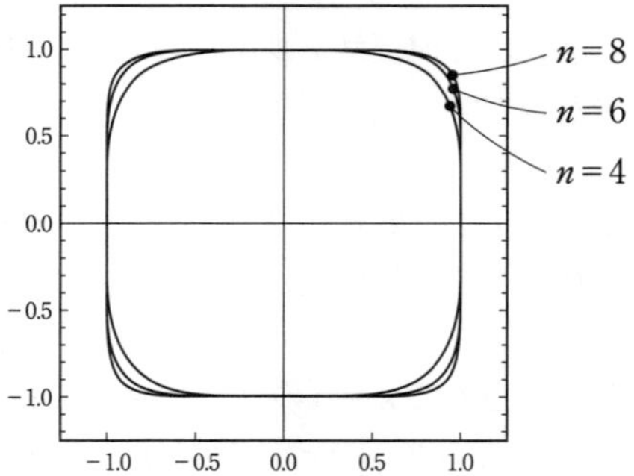

図8.3　有理数解に対するフェルマー方程式を表す代数曲線（8.2）のグラフ。上の図は、$n=3, 5, 7$の奇数次のグラフ。下の図は、$n=4, 6, 8$の偶数次のグラフ。フェルマー方程式に自然数解があることと、これらの代数曲線が有理点を通ることとが同値となります。

フェルマー方程式$x^4+y^4=z^4$が楕円曲線に

フェルマー方程式が自然数解（x, y, z）をもつと仮定すると、x, y, zはどれも0ではないので割り算ができます。x, y, zの間の割り算やかけ算によってできる数は有理数となります。

4次のフェルマー方程式で、自然数（x, y, z）から有理数（X, Y）への変換を行うと次のように楕円曲線として表されます※3。

$$x^4+y^4=z^4 \quad \Leftrightarrow \quad Y^2=X^3-X=X(X-1)(X+1) \quad (8.3)$$

自然数解の存在（x, y, z）　⇔　有理数解の存在（X, Y）

図8.4が、この楕円曲線のグラフです。4次のフェルマー方程式$x^4+y^4=z^4$が自然数解をもたないことと、この楕円曲線（8.3）上にXもYも0でない有理点が存在しないことが同値となります。それで楕円曲線の有理点を調べると、次の3つがすぐに分かります。

$$(0, 0), (\pm 1, 0)$$

しかしながら、これらはどれも自然数解に対応しませんし、さらにこの楕円曲線は、他にはまったく有理点をもたないことはフェルマーも証明していましたが、現代の数論による証明も与えられています。X軸上の3点以外では、この楕円曲線は、2次元平面上にびっしりと詰まった有理点を見事

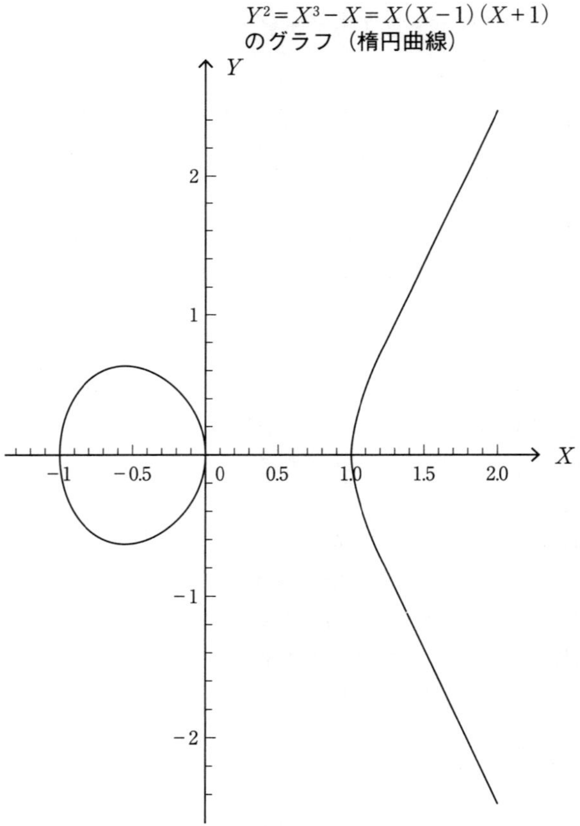

図8.4　4次のフェルマー方程式$x^4+y^4=z^4$に対応する楕円曲線$Y^2=X^3-X$の有理点は（0, 0）（±1, 0）のみです。これらは、どれも4次のフェルマー方程式の自然数解には対応しません。

にすり抜けているのです。

フェルマー方程式$x^3+y^3=z^3$も楕円曲線に

$n=4$のときと同様に、自然数（x, y, z）から有理数（X, Y）への変換を次のように行うと、フェルマー方程式$x^3+y^3=z^3$は、やはり楕円曲線となります。

$$x^3+y^3=z^3 \quad \rightarrow \quad \begin{cases} \dfrac{x}{z}=\dfrac{2X}{Y+1} \\ \dfrac{y}{z}=\dfrac{Y-1}{Y+1} \end{cases} \quad \rightarrow \quad Y^2=\frac{4}{3}X^3-\frac{1}{3} \quad (8.4)$$

自然数解の存在（x, y, z）→　有理数解の存在（X, Y）

図8.5が、この楕円曲線のグラフです。3次のフェルマー方程式が自然数解をもたないことはオイラーが証明しましたが、4次のときよりもかなり難しく、楕円曲線上の有理点の群構造という性質を調べることによって得られる結果です。この楕円曲線は見かけはとても単純な曲線ですが、2次元平面上にびっしりと存在している有理点を見事に避けているのです。したがって、この楕円曲線（8.4）からは、3次のフェルマー方程式を満たす自然数解は存在しないことが導かれるのです※4。代数曲線が有理点をもつような有理曲線か否かは、グラフを目で見ただけで判断することは不可能です。

8.4　すべてのnを網羅するために

いくつかの特定のnに対してフェルマー方程式が自然数解をもたない例を見てきましたが、「すべてのn」からは、大

第８章の註►P.218

$$Y^2 = \frac{4}{3}X^3 - \frac{1}{3}$$

のグラフ（楕円曲線）

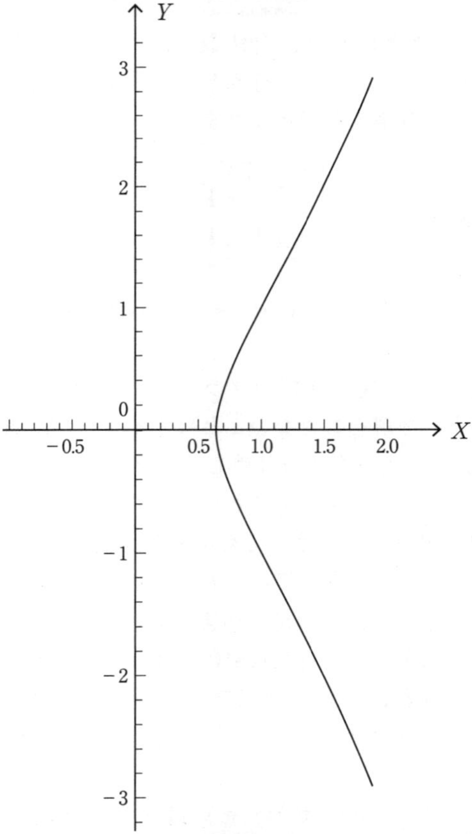

図8.5　もし$x^3+y^3=z^3$が自然数解をもてば、このグラフで示した楕円曲線$Y^2=\frac{4}{3}X^3-\frac{1}{3}$は有理点をもつはずです。しかし、全く有理点をもたないのです。

海の浜辺の砂粒を数個確認した、あるいは手のひらですくい取っただけの砂粒を数え上げた程度にすぎません。なんとかして「すべてのn」を対象にできるような手立てを考えないといけないのです。そこで、基本となる事実があります。

すべての自然数は素数の積で表される。

nが素数pを約数にもつとき

素数のことを英語でprime numberといいますから、その頭文字をとって素数をpと表すことが多いのです。というわけで、ある素数をpとします。フェルマー方程式（8.1）の次数nの約数のなかにその素数pがあるとしましょう。すなわち、nはpとその他のある自然数mとの積で表すことができます。

$$n = mp \quad (p：素数,\ m：ある自然数)$$

実は、このmも素数で表されますが、いまは1個の素数pに注目しておこうということです。

さてここで、フェルマー方程式（8.1）が、このpに対して自然数解をもたない、すなわちフェルマーの定理が成り立つと仮定してみます。すると、pを約数としてもつすべての自然数の$n = mp$に対しても、フェルマーの定理が成り立つことが分かります。なぜならば、

$$x^n + y^n = z^n \quad \rightarrow \quad x^{mp} + y^{mp} = z^{mp}$$
$$\rightarrow \quad (x^m)^p + (y^m)^p = (z^m)^p$$
（これには自然数解がないと仮定）

となるので、自然数解として（x^m, y^m, z^m）は存在しません。すなわちそのような（x, y, z）は存在しません。したがって、次のように言えるのです。

p次のフェルマー方程式が自然数解をもたなければ、pを約数としてもつすべての自然数nに対して、n次のフェルマー方程式は自然数解をもたない。

3以上で50までのnについて様子をみてみましょう

nを3から50までとしてみましょう。$n=2$はピタゴラスの定理なので、3以上としました。50以下の素数は、{ 2, 3, 5, 7, 11, 13, 17, 19, 23, 29, 31, 37, 41, 43, 47 } の15個あります。ここでは、3以上のnを対象にしているので、素数も3以上の奇数の素数14個を考えます。それは、偶数素数の2を外すということです。nを3から50までの48個の自然数であるとして並べてみます。

$3 \leqq n \leqq 50$：

3, 4, 5, 6, 7, 8, 9, 10
11, 12, 13, 14, 15, 16, 17, 18, 19, 20
21, 22, 23, 24, 25, 26, 27, 28, 29, 30
31, 32, 33, 34, 35, 36, 37, 38, 39, 40
41, 42, 43, 44, 45, 46, 47, 48, 49, 50

この中から、14個の奇数の素数 { 3, 5, 7, 11, 13, 17, 19, 23, 29, 31, 37, 41, 43, 47 } が約数となっている数を削除すると、なんとたった4つだけが残りました。

$3 \leqq n \leqq 50$ で奇素数を約数にもたない数：
4, 8, 16, 32

これらは、なんとすべて2のべき乗、すなわち 2^k $(k \geqq 2)$ という形の数ではありませんか。すべて4の倍数なのです。フェルマー方程式は $n = 4$ のとき、自然数解をもたないことをフェルマー自身が証明しています。これらは $n = 4m$ と表されるので、フェルマー方程式は次のように書くことができます。

$$x^n + y^n = z^n \quad \rightarrow \quad x^{4m} + y^{4m} = z^{4m}$$
$$\rightarrow \quad (x^m)^4 + (y^m)^4 = (z^m)^4$$
（これは自然数解をもたない）

したがって、すべての $n = \{ 4, 8, 16, 32 \}$ に対して、フェルマー方程式は自然数解をもたないといえます。結局、3から50までの48個の n に対して、フェルマーの定理を検証するためには、14個の奇数の素数に対してだけ検証すればよいことが分かったのです。

50までの n から見えてきたこと
→　すべての奇素数だけ検証すればよい

自然数の全体からみれば、50以下の自然数を見ただけで何が言えるのかと一声かかりそうですが、確かにしっかりと見えるものがありました。$n=4$の場合は、フェルマーによって自然数解をもたないことが分かっているので、nは5以上の自然数を対象として、次のように言えます。

1. $n=2^k$ $(k \geqq 2)$：

この場合、nは4の倍数なのでフェルマー方程式は自然数解をもたない。

2. 上記以外のnは必ず奇数の素数を約数としてもつ：

したがって、nとしてすべての奇数の素数に限って、フェルマー方程式が自然数解をもつかもたないかを検証することで、フェルマーの最終定理の検証が可能となります。

8.5 ファルティングスの定理（モーデル予想の解決）

フェルマーの最終定理が完結する前の1983年に、極めて大きな前進がありました。それは、モーデル予想と呼ばれる予想が、ファルティングスによって肯定的に証明されたことです。したがって、それ以前はモーデル予想と言われていましたが、その後は「ファルティングスの定理」といわれるようになりました。その結果から、フェルマー方程式（8.1）が整数解をもつならば、すなわちフェルマーの最終定理が誤りならば、その解の個数は有限個しかないことが証明されたのです。ファルティングスの定理は「無限個」から「有限個」まで狭めたのですから、極めて大きな前進でした。

しかしながら、フェルマーの最終定理の主張は、そのような解は全く存在しないことを主張していますので、その決着まで見通せるようになったとは言えない状態のままでした。

ニューヨーク州立大学ストーニーブルック校の久賀道郎教授（当時）が、連載記事（『数学セミナー』1983年10月号）において「これは驚いたモーデル予想が解けてしまった！らしい」という表題で、あたかも実況中継のように次のように報告されており、ここに引用させていただきます。「今回はホット・ニュース。同僚支漢薩教授がコロラドのシンポジウムから今日持ち帰って来たホット・ニュース。モーデル予想が解けてしまったらしい。これはスゴく良い結果で、あまり良すぎるんで、にわかには信じられないくらいなのだけれども、薩君によれば、コロラドに集まった碩学《せきがく》が検討した結果、どうやら証明は正しいらしいそうだから、ここに紹介する次第です。（私自身はまだ原論文を読んでいません。なにしろ今日聞いたばかりのニュース。明日論文のXeroxコピイをもらうことになっています。）」※5

また、このモーデル予想の解決というニュースは、一部でフェルマーの定理が解けたという噂にもなったとのことです。

8.6　フライの楕円曲線（1984年）とフェルマー方程式

ファルティングスの定理が発表された翌年、フェルマーの最終定理の証明に関して大きな動きがありました。楕円曲線

第8章の註►P.218

の登場です。これまでも、$n=3$や4のときに、フェルマー方程式が楕円曲線に変換されることを見てきましたが、新しい考え方による楕円曲線が登場してきたのです。

1984年に、ドイツで数論のシンポジウムが開かれたときに、ゲルハルト・フライ（1944-）がフェルマー方程式に関係した楕円曲線を提案しました。実はそこから、フェルマーの最終定理のゴールへ至る道が拓けてきたのでした。

フライの楕円曲線

nを5以上の奇数の素数とします。フライは、フェルマー方程式が自然数解（a, b, c）をもつと仮定して、すなわち

$$a^n + b^n = c^n \quad (n \geqq 5)$$

が成立すると仮定して、これに対して有理数を変数とする楕円曲線

$$y^2 = x(x-a^n)(x+b^n) \tag{8.5}$$

を考えることを提唱したのです。もしも、それが否定されれば、フェルマーの最終定理は正しいとして証明されることになります。その後、さらに紆余曲折を経て、最終的にそのような楕円曲線は存在しないことが証明されて、フェルマーの最終定理は正しいとして決着したのです。その証明の最後の栄冠は、アンドリュー・ワイルズ（1953-）に輝きました。1994年に投稿された論文は、1995年2月に編集委員会でワイルズの論文が正しいと判断が下されて完結したのです。

では、もう少しだけ、フライの楕円曲線の提案から、ワイルズによる最終決着に至るまでのいきさつを振り返ってみましょう。

$n = 4, 3$の楕円曲線とフライの楕円曲線との比較

楕円曲線とフェルマー方程式については、すでに$n = 4$と3の場合を見てきたので、フライの楕円曲線も加えて比較してみます。

1. $n = 4$の場合の楕円曲線：

$n = 4$のフェルマー方程式は、有理式変形で楕円曲線(8.3)に変換することができて、それが有理点をもつか否かが問題となっていました。その結果、(0, 0), (±1, 0)の有理点が3つ存在しますが、これらはフェルマー方程式の自然数解には対応しません。さらに、その他には有理点をもたないことが証明されて、$n = 4$のフェルマー方程式は自然数解をもたないと結論付けられました。これはフェルマー自身も証明したことでした。

→　楕円曲線(8.3)は有理点を3点もつが、どれもフェルマー方程式の自然数解には対応しない。

2. $n = 3$の場合の楕円曲線：

オイラーが証明した$n = 3$の場合も、フェルマー方程式は

有理式変形で楕円曲線（8.4）に変換することができました。この楕円曲線は、$n=4$の場合と異なり、全く有理点をもっていないことが分かりました。よって、$n=3$のフェルマー方程式は自然数解をもたないと結論されました。

→　楕円曲線（8.4）は有理点をまったくもたないので、フェルマー方程式の自然数解には対応しない。

3.　フライの楕円曲線：

ところが、フライの楕円曲線は、事情がまったく異なっていたのです。

→（結果を先にいうと）**フライの楕円曲線（8.5）は存在しないのです**※6。

8.7　フライの楕円曲線から ワイルズの最終決着（1995年）までの11年

1984年にフライが楕円曲線を提唱してから、ワイルズがフェルマーの最終定理を完結させる1995年までの11年間を振り返ってみましょう。

まず、フェルマーの最終定理が成立しないと仮定します。それは、フェルマー方程式に自然数の組（a, b, c）が存在すると仮定することです。フライは、この3つの自然数を使って楕円曲線（8.5）を提案しました。その提案した当初から、フライの楕円曲線は、実は非常に特殊なものであることが分かっていたのです。しかしながら、当時その特殊性を、

第8章の註▶P.218

断定することまではできませんでした。

それより30年ほど前になりますが、それとは別に、谷山-志村予想（1955年）というのがあって、すべての楕円曲線は「ある性質」をもっているだろうと考えられていました（谷山豊　1927-1958、志村五郎　1930-）。特殊性とは、「ある性質」をもたないという意味です。しかし、それは予想であって、フライの楕円曲線の提案の時点では、やはり確定的なことは言えなかったのです。ポイントを次の2点に絞ることができます。

・1955年に、谷山-志村は、すべての楕円曲線がもつべき性質について予想を立てていました。

・1984年の時点で、フライの楕円曲線は、特殊だと思われていたが確定できませんでした。

したがって、1984年の時点でのフライの楕円曲線の性質が特殊か否か、および谷山-志村予想の正否の4通りの可能性がありました。

それで、フライの提唱した楕円曲線が特殊か否かが確定することと、谷山-志村予想の正否が確定すれば、フェルマーの最終定理も確定するであろうということになったのです。これでフェルマーの最終定理は、完全に楕円曲線論の問題に移ったのです。

フライの提案の2年後の1986年に、大きな進展がありました。リベット（1947-）は、フライの楕円曲線が確かに特殊なもので、谷山-志村予想の主張する性質に反するものであることを証明したのです。したがって、1986年には可能性は2つに絞られました。谷山-志村予想が正しい場合、または間違っている場合の2つです。

可能性1：谷山-志村予想が正しい場合：

フライの楕円曲線は否定されて存在しないことが確定します。よって、フライの楕円曲線の定義の前提だった、フェルマー方程式に自然数解（a, b, c）が存在するという仮定が崩れます。よって、フェルマー方程式には自然数解は存在しないことになります。だから、フェルマーの最終定理は正しいと結論できるのです。

可能性2：谷山-志村予想が間違っている場合：

リベットにより特殊であると確定したフライの楕円曲線は、否定されずに存在する可能性が残ることになります。それは、フライの楕円曲線の定義の前提だった、フェルマー方程式に自然数解（a, b, c）が存在するという可能性が残るということを意味します。

1986年のこの状況で、ワイルズは、谷山-志村予想の、特にフェルマーの最終定理に関わるところに集中して攻略することに取り組みました。その結果、1993年に、ワイルズは、ケンブリッジ大学ニュートン研究所で、フェルマーの最終定理が決着したと発表したのです。ところがその証明には欠陥がありました。

しかしながら、翌1994年、ワイルズは、フェルマーの最終定理が成立することを主張できる部分の谷山-志村予想が正しいとする新たな証明を付けて論文を投稿しました。そして1995年2月、論文を審査していた編集委員会は、ワイルズの論文の正しさを認定し、ついにフェルマーの最終定理が肯定的に解決されたのです。

以上が、350年もの間解明されなかったフェルマーの最終定理が、フライの楕円曲線の提起から10年ほどで完結に至ったところのダイジェストです。ここで、注意をしておかなければならないことがあります。それは、事実の証明は1つとは限らないことです。ワイルズによって最終ゴールに達した証明ですが、もっと他の方法による証明もあるかもしれません。しかしながら、エネルギーはフェルマーの最終定理の異なる証明を与えるためにつぎ込まれるべきではありません。それよりも、いまなお多くの目の前にある未解決問題を地道に解いていく努力を重ねていくことの方が重要です。そのような地道な探究からいつかふと、これはフェルマーの最終定理の新たな証明になっているのではないかと思えるものが出てくれば、それはそれで良しということではないでしょうか。未解決問題はすぐそこに、たくさん待ち構えているのです。

第8章の註

（P195）

1. 足立恒雄著『フェルマーを読む』（日本評論社、1986年）に48個のコメントが全て紹介されています。

（P198）

2. 前掲書に解説があります。

（P203）

3. 楕円曲線への変換：$x^4+y^4=z^4 \rightarrow x^4=z^4-y^4 \rightarrow$ 両辺に$\dfrac{z^2}{y^6}$をかける $\rightarrow \left(\dfrac{x^2z}{y^3}\right)^2=\left(\dfrac{z^2}{y^2}\right)^3-\left(\dfrac{z^2}{y^2}\right)$となります。ここで、

$\dfrac{z^2}{y^2}=X$、$\dfrac{x^2z}{y^3}=Y$

とおくと楕円曲線（8.3）が得られます。加藤和也、黒川重信、斎藤毅『数論1—Fermatの夢』（岩波講座 現代数学の基礎1、岩波書店、1996年）の§1.1を参照のこと。

（P205）

4. 前掲書、§4.1を参照のこと。

（P211）

5. 久賀道郎先生は、当時、ニューヨーク州立大学ストーニーブルック校の教授で代数学の世界的権威でした。ご自分のお名前にちなんで自らをドクトル・クーガーと称されて、研究室の扉には、疾走している猛獣クーガーの写真が貼られていました。『数学セミナー』の記事は、連載の表題が「ドクトル・クーガーのすうがくjay-talkより」といいます。この記事の中で「今日」というのは久賀道郎先生が原稿を書かれた日だと思いますが、ずばり何月何日だったのかは分かりません。著者が1986年にストーニーブルックに滞在したとき久賀先生には、大変お世話になり懐かしく思います。私にはとうてい計り知れない大きな久賀道郎先生は、お話をされるときはいつも穏やかな先生でした。でも、数学に対してはまさに野生のクーガーとなって立ち向かっておら

れたのではないでしょうか。

（P214）
6. 実変数の代数曲線としてはちゃんと存在します。有理数のみを変数とする曲線としては存在しないということです。

あとがき

本書は、キーワード「円から楕円へ」の下で、古代の宇宙像からケプラーによる惑星の楕円軌道の解明への道、振り子時計の研究から真の等時性にはサイクロイドと半立方放物線が関わっていることの発見、さらにはニュートンの万有引力による重力の逆2乗法則へと至るところに、物理の夜明けの様子を見てきました。また、一方、代数学の整数論において、ピタゴラスの定理を単位円上の有理点の存在として理解できることに対応して、フェルマーの最終定理では楕円曲線の存在の問題として捉えられて証明に至ったことなどを見てきました。一昨年（2014）の韓国における国際数学者会議において、フィールズ賞に輝いたマンジュール・バルガバの業績が、本書でも取り上げた楕円曲線に関することだったことも記しておきましょう。実は、「円から楕円へ」という言葉は、恩師高野義郎先生が米寿のときに著された『力学の発見』（岩波ジュニア新書 2013年）の第5章のタイトルです。その翌年に他界された先生への感謝を込めて、また本書とのつながりになればとの気持ちから使わせていただきました。

また、本書の執筆にあたって、金沢工業大学ライブラリーセンター館長 竺 覚暁教授の特別のご配慮により、所蔵の「工学の曙文庫—世界を変えた書物」の中から、歴史的価値の高い図版を引用させていただきました。深く感謝申しあげます。また同大学藤本一郎教授および滋賀県立大学理事廣川能嗣教授の御助力に深く御礼申しあげます。

最後になりましたが、講談社ブルーバックス編集部の善戝康裕氏には、出版に際し大変お世話になり、御礼申し上げます。特に、梓沢 修氏には、企画が固まる前からの長い期間、辛抱強くご協力いただき心から感謝申し上げます。

2016年1月

著 者

参考文献とさらなる読み物

■第１章　曲線を見る、そして何を知る

1. 湯川秀樹『極微の世界』岩波書店　1942.
   （第一章の書き出しで引用した「自然は曲線を創り人間は直線を創る」の一文は、「極微の世界」において書かれたものですが、その20年ほど後の1963年刊の『本の中の世界』（岩波新書）の中の「自分の書いた本」において感慨深げに再録されています。）

2. ルネ・デカルト『方法序説』谷川多佳子 訳，岩波文庫 青 613-1，岩波書店　1997.

3. ルネ・デカルト『幾何学』原 亨吉 訳，ちくま学芸文庫，筑摩書房　2013.
   英訳本：René Descartes, *The Geometry*, translated from the French and Latin by David Eugene Smith and Marcia L. Latham, Dover Publishing 1954.

4. S. G. ギンディキン『ガリレイの17世紀』三浦伸夫 訳，シュプリンガー・フェアラーク東京　1996.
   英訳本：S. G. Gindikin, *Tales of Physicists and Mathematicians*, Translated by A. Shuchat, Birkhäuser 1988.
   ロシア語原本：Original Russian edition: *Rasskazy o fizikakh i matematikakh*, Quant Library, vol.14, Moskow: Nauka; first edition 1981.

5. M. N. Fried, *Edmond Halley's Reconstruction of the Lost Book of Apollonius's Conics*, Springer 2011.

■第２章　円と円周率

1. 上野健爾「円周率はどのように計算されてきたか」数学文化, Vol.1, no.1, pp.11-29, 日本評論社　2003.

2. 小川 束「そろばんによる江戸時代の円周率計算」数学文化, Vol.1, no.1, pp.59-68, 日本評論社　2003.

3. 金田康正「計算機による円周率計算」数学文化, Vol.1, no.1, pp.72-83, 日本評論社　2003.

4. P. Borwein, *The Amazing Number π*, The Pacific Institute for Mathematical Sciences, Vol.5, Issue 1, 2001 (18-20, 25).

■第３章　太陽系―円が基本、地球も惑星の１つ

1. プトレマイオス『アルマゲスト』藪内清 訳, 恒星社厚生閣 1982.

2. コペルニクス『天体の回転について』, 矢島祐利 訳, 岩波文庫　昭和 28 年　1953.

3. コペルニクス『コペルニクス・天球回転論』高橋憲一 訳, みすず書房　1993.

   (原著　*Revolutionibius orbium coelestium*　1543.)

   上記２冊は、コペルニクスの原著「Revolutionibius orbium coelestium (初版 1543)」の全６巻のうちの第１章の翻訳を収めており、第２巻以降は目次を掲載しています。

英訳本：Nicolaus Copernicus, *On the Revolutions of the Heavenly Spheres,* — A New Translation from the Latin, by A. M. Duncan, David & Charles Publisher Limited, Great Britain 1976.

4. O. ギンガリッチ，J. マクラクレン『コペルニクス―地球を動かし天空の美しい秩序へ』オックスフォード科学の肖像，林 大 訳，大月書店　2008.
   英語原本：O. Gingerich and J. MacLachlan, *Nikolaus Copernicus- Making the Earth a Planet,* Oxford Portraits in Science, Oxford University Press, 2005.

5. O. ギンガリッチ『誰も読まなかったコペルニクス』柴田裕之 訳，早川書房　2005.
   英語原本：O. Gingerich, *The book nobody read: chasing the revolutions of Nicolaus Copernicus,* Penguin Books 2005.

6. ガリレオ・ガリレイ『天文対話』（1632）青木靖三 訳，岩波文庫，上・下，岩波書店　1959，1961.

7. A. Van Helden, *Measuring The Universe – Cosmic Dimensions from Aristarchus to Halley*, The University of Chicago Press 1985.

■第 4 章　太陽系―楕円を描く惑星

1. J. R. ヴォールケル『ヨハネス・ケプラー―天文学の新たなる地平へ』（1999）オックスフォード科学の肖像，林 大 訳，大月書店　2010.

2. G. E. クリスティアンソン『ニュートン―あらゆる物体を平等にした革命』（1996）オックスフォード科学の肖像，林大 訳，大月書店　2009.

3. A. ケストラー『ヨハネス・ケプラー』（1960），小尾信彌，木村 博 訳，ちくま学芸文庫，筑摩書房　2008.

4. J. ケプラー『宇宙の神秘』大槻真一郎，岸本良彦共訳，工作舎　1982.

英訳本：J. Kepler, *The seacret of the universe*, translated by A. M. Duncan, Abaris Books, 1981.

（原著 Mysterium cosmographicum 1596.）

5. J. ケプラー『ケプラーの夢』渡辺正雄，榎本恵美子 訳，講談社学術文庫 687，講談社　1985.

6. J. ケプラー『新天文学』（1609）岸本良彦 訳，工作舎　2013.

英訳本：J. Kepler, *New Astronomy*, translated by W. H. Donahue, Cambridge University Press 1992.

（原著 *Astronomia Nova* 1609.）

7. J. ケプラー『宇宙の調和』（1619）岸本良彦 訳，工作舎　2009.

英訳本：J. Kepler, *The Harmony of the World*, translated by E. J. Aiton, A. M. Duncan, J. V. Field, American Philosophical Society 1997.

（原著 *Harmonices Mundi*, 1619.）

8. 高野義郎『力学の発見―ガリレオ・ケプラー・ニュートン』岩波ジュニア新書，岩波書店　2013.

9. 和田純夫『プリンキピアを読む―ニュートンはいかにして「万有引力」を証明したのか？』ブルーバックス B-1638，講談社　2009.

10. ホイヘンス『遠心力論』横山雅彦 訳，「ホイヘンス：光についての論考　他」より pp.83-116，科学の名著（第 II 期 10），朝日出版社　1989.

11. 山本明利，左巻健男『新しい高校物理の教科書』ブルーバックス B1509，講談社　2006.

■第 5 章　時計―等時性と曲線

1. R. G. ニュートン『ガリレオの振り子―時間のリズムから物質の生成へ』豊田 彰 訳，叢書・ウニベルシタス 945，法政大学出版局　2010.
英語原本：R. G. Newton, *Galileo's Pedulum – From the Rhythm of Time to the Making of Matter*, Harvard University Press 2004.

2. O. ギンガリッチ，J. マクラクラン『ガリレオ・ガリレイ―宗教と科学のはざまで』（1997）オックスフォード科学の肖像，野本陽代　訳，大月書店　2007.

3. ガリレオ・ガリレイ『天文対話』（1632）青木靖三 訳，岩波文庫，上・下，岩波書店　1959，1961.

4. ホイヘンス『振子時計』(1673) 原 亨吉 訳,「ホイヘンス:光についての論考 他」より pp.177-192, 科学の名著(第II期 10), 朝日出版社 1989.
(原著:*HOROLOGIVM OSCILLATORIUM* 1673.)

■第6章 困難を極めた曲線の周長問題

1. 戸田盛和『楕円関数論入門』日本評論社 2001.

2. 戸田盛和『楕円関数をめぐって』楕円曲線:その魅惑の世界,「数学のたのしみ」(2005春)より pp.20-32, 日本評論社 2005.

3. アーベル/ガロア『楕円関数論』高瀬正仁 訳, 朝倉書店 1998.

4. A. フルビッツ, R. クーラント『楕円関数論』足立恒雄, 小松啓一 訳, シュプリンガー・フェアラーク東京 1991.

5. 桂 利行『楕円曲線入門』楕円曲線:その魅惑の世界,「数学のたのしみ」(2005春)より pp.14-19, 日本評論社 2005.

■第7章 円とピタゴラスの定理

1. ユークリッド『ユークリッド原論』(増補版), 中村幸四郎, 寺阪英孝, 伊東俊太郎, 池田美恵 共訳・解説, 共立出版, 初版 1971(原本 *Euclidis opera omunia*. Ed. I. L. Heiberg et H. Menge, Lipsiae, 1883-1916)

2. E. マオール『ピタゴラスの定理 4000年の歴史』伊理由美

訳，岩波書店　2008.
英語原本：Eli Maor, *The Pythagorean theorem: a 4000 -year history*, Princeton Science Library 2007.

3. J. H. シルヴァーマン『はじめての数論　発見と証明の大航海　ピタゴラスの定理から楕円曲線まで』鈴木治郎 訳，ピアソン・エデュケーション　2014.
英語原本：J. H. Silverman, *A friendly introduction to number theory*（4th ed.）2013.

■第 8 章　楕円曲線からフェルマーの最終定理へ

1. 足立恒雄『フェルマーを読む』日本評論社　1986.

2. 足立恒雄『フェルマーの大定理―整数論の源流』（第 2 版）日本評論社　1994.

3. 足立恒雄『フェルマーの大定理が解けた！―オイラーからワイルズの証明まで』ブルーバックス B-1074，講談社　1995.

4. 加藤和也『解決！フェルマーの最終定理―現代数論の軌跡』日本評論社　1995.

5. 加藤和也，黒川重信，斎藤 毅『数論 1 ― Fermat の夢』岩波講座　現代数学の基礎 1，岩波書店　1996.

6. 久賀道郎『ドクトル・クーガーの数学講座①、②』日本評論社　1992.（②に、「ドクトル・クーガーの数学 jay-talk」

が収録されています。)

7. 小林昭七『なっとくするオイラーとフェルマー』講談社　2003.

8. 富永裕久『フェルマーの最終定理に挑戦』ナツメ社　1996.

9. サイモン・シン『フェルマーの最終定理 — ピュタゴラスに始まり、ワイルズが証明するまで』青木 薫 訳, 新潮社　2000.
英語原本: S. Singh, *Fermat's Last Theorem – The story of a riddle that confounded the world's greatest minds for 358 years*, Fourth Estate Ltd. 1997.

10. J. S. Chahal『数論入門講義—数と楕円曲線』織田 進 訳, 共立出版　2002.

11. 藤原一宏「Last Theorem Chronicle」楕円曲線：その魅惑の世界,『数学のたのしみ』(2005 春) より pp.59-69, 日本評論社　2005.

歴史的貴重図書として
原著所蔵の図書館とネット公開について

■金沢工業大学ライブラリーセンター
「工学の曙文庫—世界を変えた書物」
世界的に貴重な初版本を多く所蔵されています。本書の執筆のために特に参考にさせていただいた稀覯書は次のとおりです。
http://www.kanazawa-it.ac.jp/dawn/main.html

1. エウクレイデス（ユークリッド）（紀元前3世紀），『原論』ヴェネチア，1482年，初版
   Euclid. Preclarissimus Liber Elementorum Euclidis Perspicacissimi,… Venetiis, 1482.

2. ニコラス・コペルニクス（1473-1543），『天球の回転について』ニュルンベルク，1543年，初版
   Copernicus. Nicolaus, *De Revolutionibus Orbium Coelestium,* … Norimbergae, 1543.

3. ガリレオ・ガリレイ（1564-1642），『プトレマイオス及びコペルニクスの世界二大体系についての対話』フィレンツェ，1632年，初版（『天文対話』の原著）
   Galilei, Galileo. *Dialogo sorpa i Due Massimi Sistemi del Mondo, Tolemaico e Copernicano,* Fiorenza, 1632.

4. クリスティアン・ホイヘンス（1629-1695），『振子時計』パリ，1673年，初版
   Huygens, Christiaan. *Horologium Oscillatorium,* … Parisiis, 1673.

本書では、図 3.3, 3.13, 3.14, 3.15, 4.3, 4.4, 4.6, 4.24, 5.12, 5.24, 7.1 の 11 点の図を掲載させていただきました（金沢工業大学写真部撮影）。

下記のインターネットのサイトからもこのような科学の貴重な稀覯書を閲覧することができます。

■スイス連邦工科大学チューリッヒ校（チューリッヒ工科大）図書館（ETH-Bibliothek Zürich）の「e-rara.ch」

スイス連邦共和国内の主要図書館においてオンライン（http://www.e-rara.ch/）で取得可能な稀覯書を提供。本書では、図 3.2, 4.1, 4.2, 4.5, 8.1, 8.2 の 6 点の図を掲載させていただきました。

付録　主要な登場人物と年代表

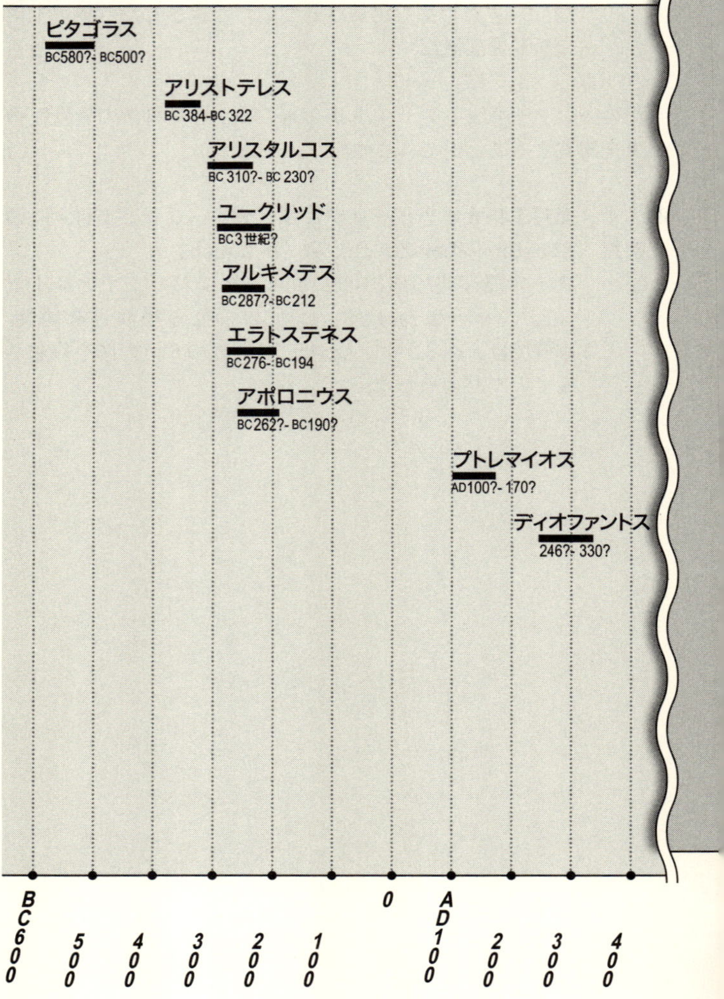
ピタゴラス
BC580?- BC500?
アリストテレス
BC 384-BC 322
アリスタルコス
BC 310?- BC 230?
ユークリッド
BC3世紀?
アルキメデス
BC287?- BC212
エラトステネス
BC276-: BC194
アポロニウス
BC262?- BC190?
プトレマイオス
AD100?- 170?
ディオファントス
246?- 330?
BC600
500
400
300
200
100
0
AD100
200
300
400

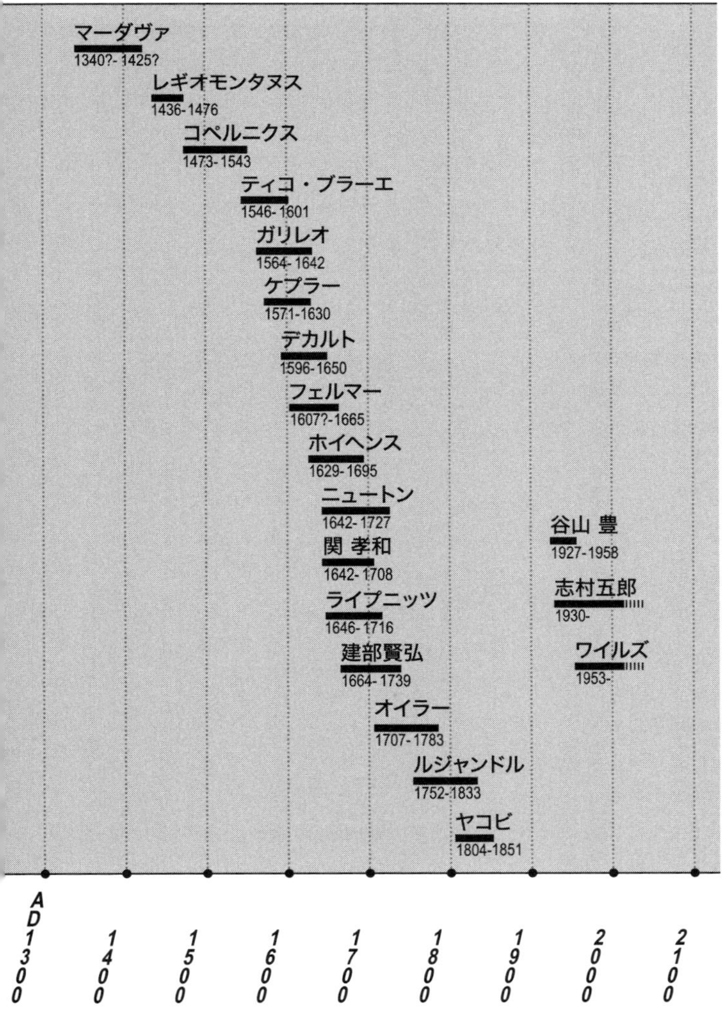

マーダヴァ
1340?-1425?
レギオモンタヌス
1436-1476
コペルニクス
1473-1543
ティコ・ブラーエ
1546-1601
ガリレオ
1564-1642
ケプラー
1571-1630
デカルト
1596-1650
フェルマー
1607?-1665
ホイヘンス
1629-1695
ニュートン
1642-1727
関 孝和
1642-1708
ライプニッツ
1646-1716
建部賢弘
1664-1739
オイラー
1707-1783
ルジャンドル
1752-1833
ヤコビ
1804-1851
谷山 豊
1927-1958
志村五郎
1930-
ワイルズ
1953-
AD1300
1400
1500
1600
1700
1800
1900
2000
2100

付録 登場する主要な人物（生年順）と本書で取り上げたポイント

人名／生没年	ポイント
ピタゴラス BC580 頃 -500 頃	完全なる数 10。完全な円からなる宇宙像。
アリストテレス BC384-322	哲学的思考からの宇宙像。完全な円からなる不変な宇宙像。
アリスタルコス BC310 頃 -230 頃	古代の太陽中心説。
ユークリッド BC 3 世紀頃	『原論』を著す。
アルキメデス BC287 頃 -212	円周率、面積の計算。
エラトステネス BC276-194	地球の大きさを測った。
アポロニウス BC262 頃 -190 頃	円錐曲線論。
プトレマイオス AD100 頃 -170 頃	周転円モデルを基本とする宇宙像。『アルマゲスト』を著す。
ディオファントス 246 頃 -330 頃	『数論』を著す。
マーダヴァ 1340 頃 -1425 頃	ライプニッツと同じ円周率の公式、ディリクレの L 関数の発端。
レギオモンタヌス 1436-1476	『アルマゲストの要約本』を著す。
コペルニクス 1473-1543	太陽中心説、惑星間相対距離の決定。『天体の回転について』を著す。
ティコ・ブラーエ 1546-1601	観測に徹した天文学者。観測精度は角度 1 分程度を達成。
ガリレオ 1564-1642	振り子の等時性を発見。

人名／生没年	ポイント
ケプラー 1571-1630	惑星は楕円を描く。ケプラーの 3 法則の確立。
デカルト 1596-1650	古代からの幾何学と代数学を融合させた。座標の導入。『方法序説』および『幾何学』を著す。私達が学校で学ぶ数学の基礎を与えた。
フェルマー 1607 頃 -1665	ディオファントスの『数論』に書き残したメモがフェルマーの最終定理。
ホイヘンス 1629-1695	真の等時性の発見（サイクロイド振り子ほか）。曲線の周長問題解決への糸口。遠心力の研究。
ニュートン 1642-1727	ケプラーの第 3 法則とホイヘンスの遠心力を万有引力の考えに融合させることによって重力の逆 2 乗法則を導いた。円周率を 16 桁まで計算。
関　孝和《せきたかかず》 1642-1708	ニュートンと同じ年に生まれ、円周率の計算も同じく 16 桁に達していた。
ライプニッツ 1646-1716	円周率の公式、ディリクレの L 関数の発端。
建部賢弘《たけべかたひろ》 1664-1739	円周率の計算。41 桁に達していた。
オイラー 1707-1783	円周率の公式。それはリーマンのゼータ関数の発端となった。フェルマーの定理の $n = 3$ と 4 の場合を証明した。
ルジャンドル 1752-1833	楕円積分、楕円関数。
ヤコビ 1804-1851	楕円積分、楕円関数。
谷山　豊《たにやまとよ(ゆたか)》 1927-1958	楕円曲線に関する谷山－志村予想。
志村五郎《しむらごろう》 1930-	楕円曲線に関する谷山－志村予想。
ワイルズ 1953-	谷山－志村予想のフェルマーの最終定理に関係する部分を解決。よって、フェルマーの最終定理が正しいことを証明した。

さくいん

〈な行〉

〈は行〉

〈ま行〉

N.D.C.410　239p　18cm

ブルーバックス　B-1961

曲線《きょくせん》の秘密《ひみつ》
自然に潜む数学の真理

2016年3月20日　第1刷発行

著者　松下《まつした》泰雄《やすお》
発行者　鈴木　哲
発行所　株式会社講談社
〒112-8001 東京都文京区音羽2-12-21
電話　出版　03-5395-3524
販売　03-5395-4415
業務　03-5395-3615
印刷所　（本文印刷）豊国印刷株式会社
（カバー表紙印刷）信毎書籍印刷株式会社
製本所　株式会社国宝社

ISBN978−4−06−257961−2

発刊のことば

科学をあなたのポケットに

二十世紀最大の特色は、それが科学時代であるということです。科学は日に日に進歩を続け、止まるところを知りません。ひと昔前の夢物語もどんどん現実化しており、今やわれわれの生活のすべてが、科学によってゆり動かされているといっても過言ではないでしょう。

そのような背景を考えれば、学者や学生はもちろん、産業人も、セールスマンも、ジャーナリストも、家庭の主婦も、みんなが科学を知らなければ、時代の流れに逆らうことになるでしょう。

ブルーバックス発刊の意義と必然性はそこにあります。このシリーズは、読む人に科学的に物を考える習慣と、科学的に物を見る目を養っていただくことを最大の目標にしています。そのためには、単に原理や法則の解説に終始するのではなくて、政治や経済など、社会科学や人文科学にも関連させて、広い視野から問題を追究していきます。科学はむずかしいという先入観を改める表現と構成、それも類書にないブルーバックスの特色であると信じます。

一九六三年九月

野間省一

ブルーバックス　数学関係書（II）

ブルーバックス　数学関係書（I）

35　計画の科学　加藤昭吉
116　推計学のすすめ　佐藤　信
120　統計でウソをつく法　ダレル・ハフ　高木秀玄＝訳
177　ゼロから無限へ　C・レイド　芹沢正三＝訳
217　ゲームの理論入門　モートン・D・デービス　桐谷　維／森　克美＝訳
325　現代数学小事典　寺阪英孝＝編
408　数学質問箱　矢野健太郎
584　10歳からの相対性理論　都筑卓司
722　解ければ天才！　算数100の難問・奇問　中村義作
797　円周率πの不思議　堀場芳数
833　虚数 i の不思議　堀場芳数
862　対数 e の不思議　堀場芳数
908　数学トリック＝だまされまいぞ！　仲田紀夫
926　原因をさぐる統計学　豊田秀樹／前田忠彦　柳井晴夫
988　論理パズル101　デル・マガジンズ社＝編　小野田博一＝訳
1003　マンガ　微積分入門　岡部恒治　藤岡文世＝絵
1013　違いを見ぬく統計学　豊田秀樹
1037　道具としての微分方程式　斎藤恭一　吉田　剛＝絵
1074　フェルマーの大定理が解けた！　足立恒雄
1076　トポロジーの発想　川久保勝夫
1141　マンガ　幾何入門　岡部恒治　藤岡文世＝絵

1201　自然にひそむ数学　佐藤修一
1243　高校数学とっておき勉強法　鍵本　聡
1312　マンガ　おはなし数学史　仲田紀夫＝原作　佐々木ケン＝漫画
1332　新装版　集合とはなにか　竹内外史
1352　確率・統計であばくギャンブルのからくり　谷岡一郎
1353　算数パズル「出しっこ問題」傑作選　仲田紀夫
1366　数学版・これを英語で言えますか？　保江邦夫＝著　E・ネルソン＝監修
1368　論理パズル「出しっこ問題」傑作選　小野田博一
1383　高校数学でわかるマクスウェル方程式　竹内　淳
1386　素数入門　芹沢正三
1407　入試数学　伝説の良問100　安田　亨
1419　パズルでひらめく　補助線の幾何学　中村義作
1423　史上最強の論理パズル　小野田博一
1429　数学21世紀の7大難問　中村　亨
1430　Ｅｘｃｅｌで遊ぶ手作り数学シミュレーション　田沼晴彦
1433　大人のための算数練習帳　佐藤恒雄
1453　大人のための算数練習帳　図形問題編　佐藤恒雄
1470　高校数学でわかるシュレディンガー方程式　竹内　淳
1479　なるほど高校数学　三角関数の物語　原岡喜重
1484　単位171の新知識　星田直彦
1490　暗号の数理　改訂新版　一松　信

ブルーバックス　宇宙・天文・地学関係書（II）

ブルーバックス12㎝CD-ROM付

ブルーバックス　宇宙・天文・地学関係書（I）

1380 新装版　四次元の世界　都筑卓司
1388 新装版　タイムマシンの話　都筑卓司
1390 熱とはなんだろう　竹内　薫
1394 ニュートリノ天体物理学入門　小柴昌俊
1414 謎解き・海洋と大気の物理　保坂直紀
1484 単位171の新知識　星田直彦
1487 ホーキング　虚時間の宇宙　竹内　薫
1499 マンガ　ホーキング入門　J・P・マッケボイ　オスカー・サラーティ＝画　杉山　直＝訳
1510 新しい高校地学の教科書　杵島正洋／松本直記＝編著　左巻健男
1576 富士山噴火　鎌田浩毅
1628 国際宇宙ステーションとはなにか　若田光一
1638 プリンキピアを読む　和田純夫
1639 見えない巨大水脈　地下水の科学　日本地下水学会　井田徹治
1659 地球環境を映す鏡　南極の科学　神沼克伊
1667 太陽系シミュレーター　Windows7/Vista対応版　DVD-ROM付　SSSP＝編
1670 森が消えれば海も死ぬ　第2版　松永勝彦
1687 宇宙の未解明問題　R・ハモンド　大貫昌子＝訳
1697 インフレーション宇宙論　佐藤勝彦
1713 太陽と地球のふしぎな関係　上出洋介
1716 「余剰次元」と逆二乗則の破れ　村田次郎

1721 図解　気象学入門　古川武彦／大木勇人
1722 小惑星探査機「はやぶさ」の超技術　「はやぶさ」プロジェクトチーム＝編　川口淳一郎＝監修
1723 宇宙進化の謎　谷口義明
1728 ゼロからわかるブラックホール　大須賀　健
1731 宇宙は本当にひとつなのか　村山　斉
1742 マンガで読む　タイムマシンの話　秋鹿さくら＝マンガ　銀杏社＝構成　ビバマンボ
1745 4次元デジタル宇宙紀行Mitaka　DVD-ROM付　小久保英一郎＝監修
1749 データで検証　地球の資源　井田徹治
1751 低温「ふしぎ現象」小事典　低温工学・超電導学会＝編
1756 山はどうしてできるのか　藤岡換太郎
1762 完全図解　宇宙手帳　（宇宙航空研究開発機構）＝協力　渡辺勝巳／JAXA
1775 地球外生命　9の論点　立花　隆／佐藤勝彦ほか　自然科学研究機構＝編
1778 図解　台風の科学　上野　充／山口宗彦
1798 ヒッグス粒子の発見　イアン・サンプル　上原昌子＝訳
1799 宇宙になぜ我々が存在するのか　村山　斉
1804 海はどうしてできたのか　藤岡換太郎
1806 新・天文学事典　谷口義明＝監修
1824 日本の深海　瀧澤美奈子
1827 大栗先生の超弦理論入門　大栗博司
1834 図解　プレートテクトニクス入門　木村　学／大木勇人
1836 真空のからくり　山田克哉